JN232346

# ユビキタス無線ディバイス

## ICカード・RFタグ
## UWB・ZigBee
## 可視光通信・技術動向

工学博士
根日屋英之, 小川真紀 著

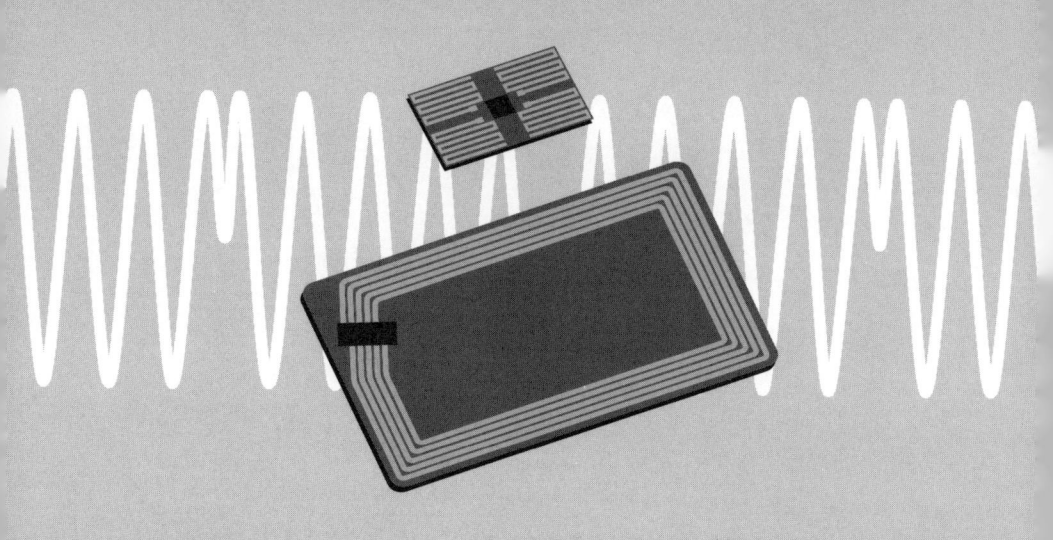

東京電機大学出版局

本書の全部または一部を無断で複写複製（コピー）することは，著作権法上での例外を除き，禁じられています．小局は，著者から複写に係る権利の管理につき委託を受けていますので，本書からの複写を希望される場合は，必ず小局（03-5280-3422）宛ご連絡ください．

# はじめに

## ユビキタス社会を支える無線ディバイス

　1990年代末にIT（Information Technology）というキーワードがもてはやされ，情報通信技術に過大な期待が寄せられたが，結果的にITバブルは短期間で崩壊した．しかしそのITバブルは，情報通信技術に関するいくつかの可能性の種を次世代へ残した．現在，ITに代わる次世代のキーワードとして，**ユビキタス（Ubiquitous）**という言葉が掲げられ，情報通信技術のさらなる研究開発が進められている．ユビキタスとはラテン語で「いたるところに存在している」という意味で，情報通信の世界をすべての物質にまで拡張することを示している．すべての物質はネットワークを介して接続されるが，その情報をやり取りする接点には，至近距離通信用の無線ディバイスが用いられる．

　第1章には，すでに使用されているか，あるいは今後その使用が期待される至近距離通信用の無線ディバイスの例を示し，それらの概要を説明する．第2章から第6章では，至近距離通信用の無線ディバイスの中でもその利用が期待されている非接触ICカードとRFタグの技術について解説する．第7章では非接触ICカードとRFタグの現時点での標準化の動向を述べ，第8章では最近の市場や業界の動向を示し，非接触ICカードとRFタグがどの市場のアプリケーションに適しているかについて，ユーザの判断に資する情報を紹介する．第9章では，ユビキタス無線通信の今後の課題を述べる．

　本書がユビキタス無線通信に興味のある技術者，研究者各位にとって参考になれば幸いである．

2004年12月

根日屋　英之，小川　真紀

# 目次

## 第1章 至近距離通信用の無線デバイス　1
1.1 非接触ICカード ............................................. 1
1.2 RFタグ .................................................... 3
1.3 Bluetooth .................................................. 5
1.4 UWB ...................................................... 7
　1.4.1 UWBの概要 ........................................... 7
　1.4.2 UWBの標準化 ......................................... 10
1.5 ZigBee .................................................... 12
1.6 PHS ...................................................... 14
1.7 無線LAN .................................................. 16
1.8 特定小電力無線設備 ......................................... 22
1.9 微弱電波無線設備 ........................................... 24
1.10 DSRC .................................................... 25
1.11 ミリ波帯の電波を使用する無線設備 ............................ 26
1.12 可視光通信 ................................................ 28

## 第2章 注目を浴びる非接触ICカードとRFタグ　31
2.1 非接触ICカードとRFタグの区別 ............................... 31
2.2 周波数による分類 ........................................... 32
2.3 電源供給方法による分類 ..................................... 39
　2.3.1 電池搭載型 ............................................ 39
　2.3.2 電磁誘導方式 .......................................... 40

　　　　2.3.3　レクテナ方式 .................................................. 43
　2.4　通信距離による分類 ........................................................ 45
　　　　2.4.1　密接型 ........................................................... 45
　　　　2.4.2　近接型 ........................................................... 46
　　　　2.4.3　近傍型 ........................................................... 48
　　　　2.4.4　遠隔型 ........................................................... 49

# 第3章　非接触ICカードとRFタグの技術　51

　3.1　変調とは ................................................................... 51
　3.2　多重化技術 ................................................................. 54
　3.3　静電誘導，電磁誘導，磁束密度 ............................................... 61
　3.4　電磁誘導による電力伝送 ..................................................... 66
　3.5　電磁誘導による通信技術 ..................................................... 68
　3.6　アンチコリジョン技術 ....................................................... 70
　3.7　記憶方式とメモリ ........................................................... 75
　3.8　符号化方式 ................................................................. 76
　3.9　伝送プロトコル ............................................................. 79
　3.10　レクテナの設計 ............................................................ 81
　　　　3.10.1　整流素子（ダイオード） ........................................... 81
　　　　3.10.2　直流カット用コンデンサ ........................................... 83
　　　　3.10.3　バンドパスフィルタ（BPF）の設計 .................................. 84
　　　　3.10.4　ローパスフィルタ（LPF）の設計 .................................... 89

# 第4章　アンテナの技術　93

　4.1　アンテナの基礎知識 ......................................................... 93
　4.2　非接触ICカードとRFタグ用アンテナ ........................................... 98
　4.3　広帯域アンテナ ............................................................. 140
　　　　4.3.1　無給電素子の付加 .................................................. 141

4.3.2　放射素子の面状化と反共振 .................... 142
　4.3.3　自己補対型アンテナ ........................ 144
　4.4.4　板状広帯域アンテナ ........................ 145
　4.4.5　ディスコーンアンテナ ...................... 145
　4.3.6　広帯域モノポールアンテナ .................. 146
　4.3.7　モノパルスを受信するアンテナの問題点 ...... 147

# 第5章　応答器の技術　　　　　　　　　　　　　148

5.1　非接触ICカードの構成 ............................ 148
　5.1.1　非接触ICカードの通信動作 .................. 148
　5.1.2　非接触ICカードの電源再生 .................. 149
5.2　RFタグの構成 .................................... 150
　5.2.1　反射型パッシブRFタグ ...................... 150
　5.2.2　反射型セミパッシブRFタグ .................. 156
　5.2.3　微弱電波アクティブRFタグ .................. 157
5.3　ミリ波タグの構成 ................................ 158
5.4　光タグの構成 .................................... 159
5.5　有機半導体によるRFタグの低価格化 ................ 160

# 第6章　リーダ・ライタの技術　　　　　　　　　　162

6.1　近接型非接触ICカード用リーダ・ライタ ............ 162
6.2　RFタグ用のリーダ・ライタのブロック図 ............ 163
　6.2.1　送信系回路の動作 .......................... 164
　6.2.2　受信系回路の動作 .......................... 167
6.3　ミリ波タグ用リーダ・ライタ ...................... 168
6.4　光タグ用リーダ・ライタ .......................... 169
6.5　リーダ・ライタの低価格化へのアプローチ .......... 170
6.6　ソフトウェア無線を意識したリーダ・ライタ ........ 176

## 第 7 章 非接触 IC カードと RF タグの標準化動向　177

- 7.1 非接触 IC カードの ISO 規格 ................................. 178
- 7.2 ISO/IEC 18000 規格 ........................................ 180
- 7.3 ID の標準化 ............................................... 182
- 7.4 IEEE 802.15 について ...................................... 184
- 7.5 日本の移動体識別装置の規格 ................................. 187

## 第 8 章 非接触 IC カードと RF タグの市場動向　188

- 8.1 実証実験の結果 ............................................ 188
- 8.2 業界の動向と実用化 ........................................ 191
- 8.3 防犯, 偽装防止とバイオメトリクス認証 ...................... 210

## 第 9 章 現状の問題と今後の課題　212

- 9.1 無線という通信媒体 ........................................ 212
  - 9.1.1 2.45 GHz 帯の混信問題 .............................. 212
  - 9.1.2 UHF 帯の ISM バンド ................................ 213
- 9.2 RF タグは無線設備か？ ..................................... 215
- 9.3 無線ディバイスの通信の信頼性 .............................. 216
- 9.4 期待される周波数割当てと製品化動向 ........................ 217
- 9.5 セキュリティ強化とプライバシー保護 ........................ 220
- 9.6 最後に ................................................... 223

**参考文献**　224
**索引**　226

# 第1章

# 至近距離通信用の無線デバイス

インターネットの普及により，個人が所有する個々の情報端末間での情報交換がネットワーク（インターネット）を介して可能になった．ここでいう情報端末とは，パソコンのみでなく，インターネットに接続できるようになった携帯電話，ノート型パソコン，自動車，ディジタル放送対応テレビ，そして情報家電と呼ばれる洗濯機や冷蔵庫なども含めた非常に多くのものが考えられる．これらの情報端末がネットワークと繋がる接点や，情報端末と個々に識別情報を持ったすべての物質がその識別情報をやり取りする接点には，至近距離通信用の無線デバイスが用いられる．本章では，その無線デバイスについての例を示し，それらの概要を述べる．

## 1.1　非接触ICカード

非接触ICカードを説明する前に，まずカードについて説明する．読者諸氏は，プラスチックカードにエンボス（突起）状の文字をカーボン紙に複写し，証明書として記録を残せるような，名刺入れに入る大きさのメンバーズカードやクレジットカードを見たことがあるだろう．このカードは**IDカード**と呼ばれ，ISO (International Organization for Standardization：国際標準化機構) とIEC (International Electrotechnical Committee：国際電気標準会議) において，ISO/IEC 7810として標準化された．このIDカードの大きさは**ID-1サイズ**と呼ばれ，外形寸法が 86 mm×54 mm×0.76 mm である．その後，エンボス状のIDカードは磁気記録型の**ストライプカード**へと進化した．さらに，ストライ

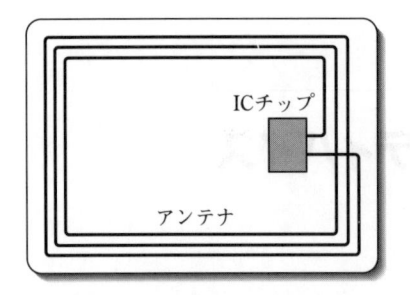

**図 1.1** 非接触 IC カードの概要

（出典：JR 東日本 Web ページより）
**写真 1.1** 非接触 IC カードの例

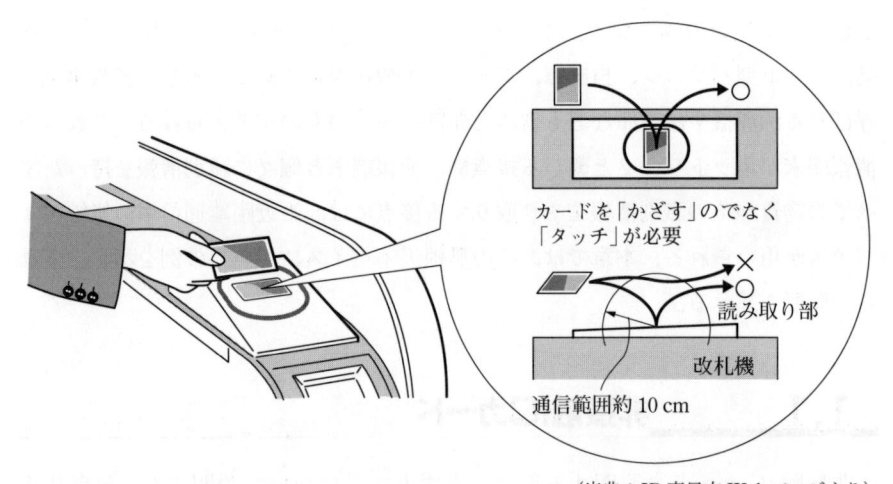

（出典：JR 東日本 Web ページより）
**図 1.2** JR 東日本の「Suica」（JR 東日本ホームページより）

プカードは，より記憶できる情報量の多いメモリやマイクロプロセッサをカード内に搭載した **IC カード** へと発展した．この IC カードは，偽造や改ざんがされにくく，高いセキュリティ性を有している．

　IC カードは表面に電極を有し，その電極からカードリーダと情報のやりとりを行う **接点型 IC カード** と，電磁界の結合を用いて情報のやりとりを行う **非接触型 IC カード** がある．非接触型 IC カードの国際標準規格は，ISO/IEC において，

共同技術委員会（Joint Technical Committee：JTC），分科委員会（Sub Committee：SC），作業グループ（Working Group：WG）で審議された．JTC 1-SC 17-WG 8 では，13.56 MHz を用いて非接触により通信を行い，主に人の管理を目的とした IC カード型移動無線識別の国際標準規格を策定した．この国際標準規格の非接触近接型カードのタイプ B の実用例としては，住基（住民基本台帳）IC カードがある．また，国際標準規格には準拠していないがよく知られている実用例として，2001 年 11 月に JR 東日本が採用を開始した **Suica** による電子乗車券がある．図 1.1 と写真 1.1，図 1.2 にその一例を示す．非接触 IC カードの技術の詳細については，第 2 章以降で述べる．

## 1.2　RFタグ

ユビキタスネットワーク用の無線ディバイスとして注目されているのが **RF タグ**[1-1] である．前述の非接触 IC カードの出現により，料金支払いの効率化，入退出管理の能率化，レジャー施設使用の簡便化などが図れるようになった．しかし，いろいろな物体を識別したいという要求が増えると，非接触 IC カードをさらに小型化，高機能化，バッテリレス化した RF タグが望まれるようになってきた．本書では，国際標準規格 ISO/IEC において JTC 1-SC 31-WG 4 で審議された，主に物の管理を行うことを目的とする，形状を特定しない無線移動識別を RF タグと呼ぶことにする．RF タグは，日本では 125 kHz 帯から 5.8 GHz 帯までの周波数での使用もしくはその導入にあたり，規格などが検討されている．現在，マイクロ波の 2.45 GHz 帯での規格化がほぼ終わり，新たに UHF（953 MHz）帯の規格の検討が行われている．総務省は，情報通信技術分科会にて 2004 年 12 月までに技術的条件を定めた答申を出し，電波監査審議会で審議を行

---

[1-1] RF タグは他にも，RFID（Raio Frequency IDentification），リモート ID，電子タグ，電波タグ，IC タグ，ID タグなどいろいろな呼び名が存在している．社団法人 日本自動認識システム協会（JAISA）監修の『RF タグの開発と応用 II』（シーエムシー出版）では，その呼び名を「RF タグ」に統一しているので，本書でもこの名称を「RF タグ」または電波法に記載されている「応答器」とした．

い，2005年3月にも省令を改正する予定である．しかし，953 MHz帯は携帯電話との電波の干渉の懸念があり，省令の改正は遅れそうな状況である．

RFタグシステムとは，図1.3のような質問器（リーダ・ライタ，スキャナ，コントローラ，インテロゲータなどとも呼ばれている）からの要求に応じて，身のまわりのあらゆるものに埋め込まれた応答器（RFタグ）に情報を書き込んだり，応答器から情報を読み出したりするシステムのことを示す．図1.4にRFタグの概要，写真1.2に筆者らがテレミディックと共同開発したRFタグの例を示す．写真の(a)はRFタグのICチップ（1.1 mm×0.9 mm）にアンテナを内蔵した超至近距離（1 mm程度）通信用，(b)は外部に小形アンテナ（4 mm×8 mm）を付加した中距離（数cm）通信用，(c)はダイポールアンテナ（20

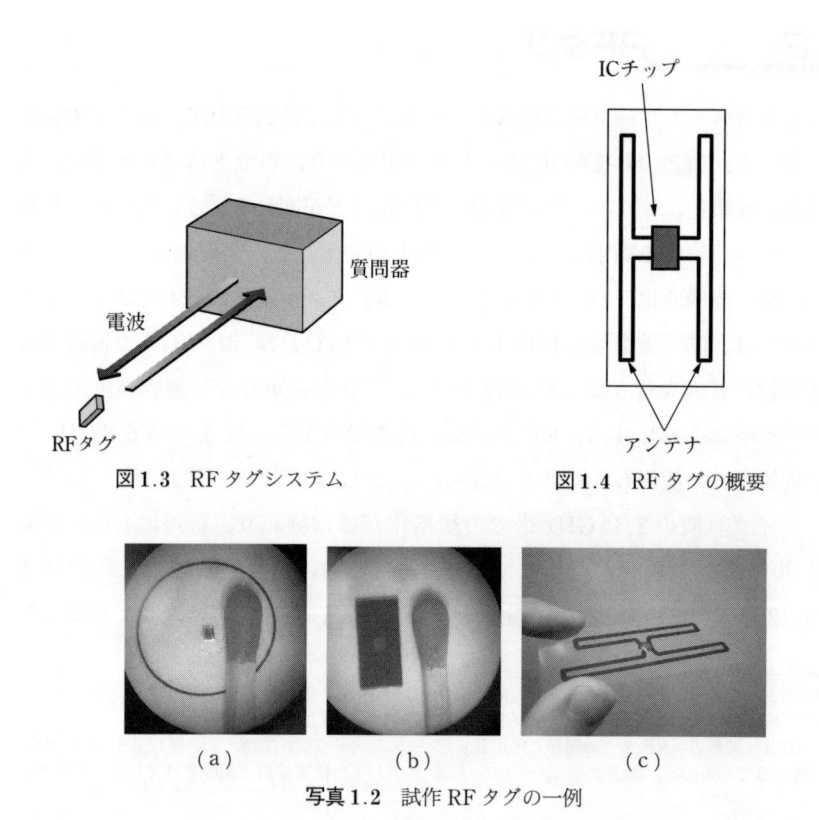

図1.3　RFタグシステム

図1.4　RFタグの概要

写真1.2　試作RFタグの一例

mm×50 mm）を付加した長距離（数十 cm）通信用である．

RF タグの技術の詳細については，第 2 章以降で述べる．

## 1.3　　　Bluetooth

Bluetooth は，1994 年に Ericsson 社によって，コンシューマ製品から業務用端末までのあらゆる情報端末同士を無線で接続することを目的として開発された．その後，1998 年に通信業界およびコンピュータ業界の大手 5 社，Ericsson, Nokia, Intel, 東芝, IBM により設立された業界団体 Bluetooth Special Interest Group（Bluetooth SIG）によって仕様が策定された．

Bluetooth Version 1.0 は，2.45 GHz 帯（日本でも電波法改正により全世界と同一のシステムを利用することが可能になった）を用いることで最大伝送速度は 1 Mbps（下り 721 kbps，上り 57.6 kbps）となり，64 kbps の音声専用チャネルも別途三つ有する．実際の通信速度は，無線ディバイス間の距離や電波伝搬状況，使用するソフトウェアや OS，通信する機器の電気的特性，アンテナの性能などにより，自動的に最適な通信速度に設定される．Bluetooth の無線ディバイスの送信出力は，見通し通信距離が 10〜100 m の Power class 1 と，10 m 以下の Power class 2 および 3 があり，音声とデータ両方の通信が可能である．変調方式は GFSK（Gaußian Filtered Frequency Shift Keying）で，誤り制御には ARQ/FEC 方式を採用している．

Bluetooth の通信では，図 1.5 に示すような 1 台の**マスター**と呼ばれる無線ディバイスに，最大 7 台の**スレーブ**と呼ばれる無線ディバイスを接続できる．マスターを中心にしてデータ通信・データ交換が可能となる**ピコネット**と，図 1.6 に示すように最大 256 のピコネットを接続してより大きなネットワークを構築する**スキャッタネット**の機能を有している．

その他，ディバイスの相互接続を実現するために厳密に規定されたディバイスプロファイルや，ディバイス間で自律的にネットワークを構成するためのサービスディスカバリなどの仕組みも用意された．その後，Version 1.0 a，1.0 b，

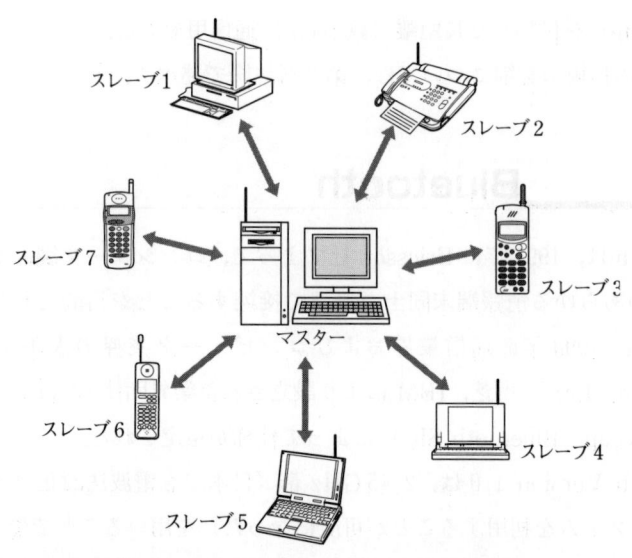

**図 1.5** Bluetoothにおけるピコネット接続

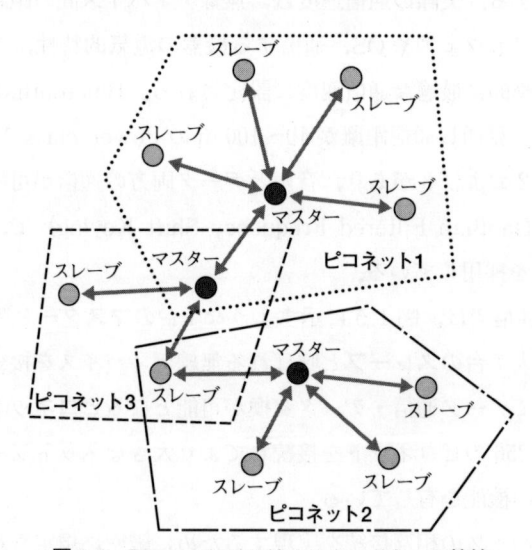

**図 1.6** Bluetoothにおけるスタッカネット接続

1.1…1.2と発展してきている．Version 1.2では，無線LANとの干渉問題を配慮し，干渉を低減する最小20チャネルの**Adaptive Frequency Hopping**（AFH），無線の物理アドレスを隠せる**匿名モード**，同時に複数のBluetooth無線ディバイスと交信できる**マルチポイント実装の性能強化**，Bluetoothに対応する機器同士の接続を迅速化する**接続確立の高速化**，にぎやかな環境下でも良好な音声通話を可能にする**音声処理機能の強化**，Version 1.1対応機器に対する**下位互換性**（Version 1.0/1.0 a/1.0 b/1.1間では一部互換性がない）などが追加された．**Bluetooth**という名称は，通信業界とコンピュータ業界の相互の利点を生かしながら融合していきたいという期待を込め，デンマークとノルウェーの無血統合を果たしたデンマークの王 Harald Blaatand Bluetooth IIから採用したと言われている．Bluetoothは技術仕様を公開しているので，ライセンス料不要で利用できる．この技術仕様に基づいた相互互換性試験に合格した製品には，登録商標であるBluetoothロゴが有料で交付される．IEEE（the Institute of Electrical and Electronic Engineers：アメリカ電気電子学会）のWPAN（Wireless Personal Area Network）ワーキンググループによる標準化作業も進められ，IEEE 802.15.1として勧告されている．

## 1.4　UWB（Ultra WideBand）

本節ではUWBについて述べる．本来，技術的にはシンプルであるべきUWBも，規格が検討されていく中で，回路が高級化しているのが現状である．

### 1.4.1　UWBの概要

UWBは，図1.7（2003年5月22日MW/WBS共催研究会パネル討論　松下電器産業株式会社　先端技術研究所　三村政博氏の「UWBアンテナに求められるもの」の講演資料より）に示すように，電力スペクトル密度は極めて低いので，既存通信システムとの与干渉・被干渉が少なく，他の無線システムとの共存が可能である．FCC（Federal Communications Commission：アメリカ連邦通

情報通信用途（屋内，屋外が異なる）

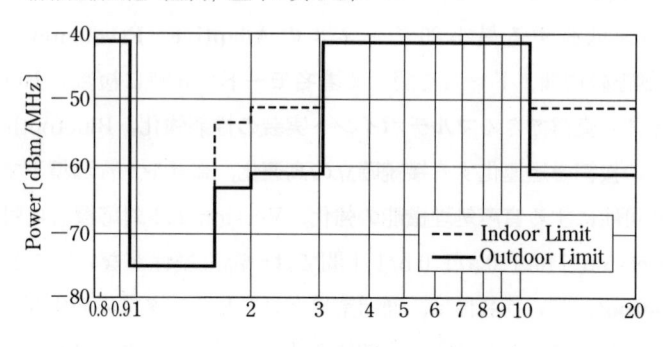

**図1.7** UWB の電界強度

(出典：資料「NW/WBS 共催研究会パネル討論」
三村政博（松下電器株式会社））

信委員会）暫定基準では，$-41$ dBm/MHz$=75$ nW/MHz であり，7 GHz 帯域幅の場合は送信出力は 0.5 mW となる．小型で，低消費電力のシステム構築が可能である．参考までに，日本で使用されている微弱無線設備は，322 MHz〜10 GHz での送信出力は約 0.37 nW 以下である．

また，3.1 GHz〜10.6 GHz の広い周波数帯域（ただし 5 GHz 帯の無線 LAN の周波数は避けている）を利用し，10 m 以内（FCC 基準電波強度）の近距離において最大 480 Mbps の高速通信を可能にする通信方式である．

UWB の比帯域幅 $BW$ は，

$$BW = \frac{\text{最高周波数} - \text{最低周波数}}{\text{中心周波数}} \tag{1.1}$$

で定義される．UWB の比帯域幅 $BW$ は，中心周波数の 20%（アメリカの DARPA (the Defense Advanced Research Project Agency：国防高等研究計画局) では 25% としている) 以上，または 500 MHz 以上とされている．参考までに，AM 放送は 1.3%，cdmaOne は 0.15%，FOMA は 0.23%，無線 LAN は 0.9% である．

UWB システムは，時間ホッピング (Time Hopping) や CDMA (Code Division

Multiple Access：符号分割多重化方式）の技術による多元接続も可能である．

アメリカではFCCが，Rule Part 15, Subpart F Ultra-Wideband OperationとしてUWBを認めている．UWB技術は，今までは地中レーダ，スルーウォールセンサなどで使われていたが，2002年にFCCが民生に利用させるという見解を示した．低消費電力で利用でき，他の通信システムとの共存が可能ということで，家電や携帯端末での利用が期待されている．UWBの標準化はIEEE 802.15.3aで協議されており，現在，次の2方式が提案されている（http://www.ieee.org/）．

## (1) DS-UWB方式

Freescale Network（旧Motorola）とNiCT（National Institute of Information and Communications Technology：独立行政法人情報通信研究機構）が提案している，IR（Impulse Radio：インパルスラジオ）方式とDS-SS（Direct Sequence Spread Spectrum：直接拡散スペクトル拡散）方式を合わせた方式がDS-UWB方式である．IR方式とは，図1.8にその一例を示すように，非常に短いパルス信号によって情報を送受信する方式である．1周期のパルス幅を$t$秒とすると，パルスの周波数帯域幅は$1/t$ Hzである．パルス幅を1ナノ秒とすると，その周波数帯域幅は1 GHzと非常に広帯域になる．パルス信号の到着時間を計測することにより，距離を測ることもできる．DS-SS方式は図1.9

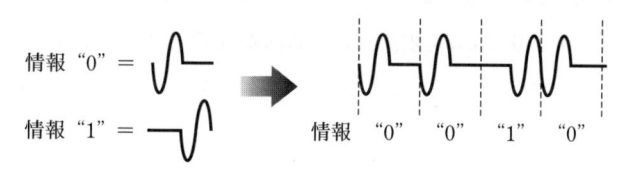

図1.8 IR方式の一例

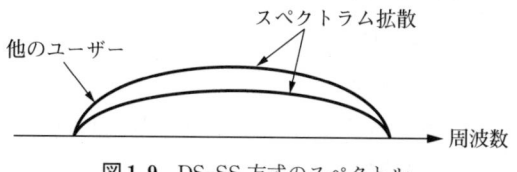

図1.9 DS-SS方式のスペクトル

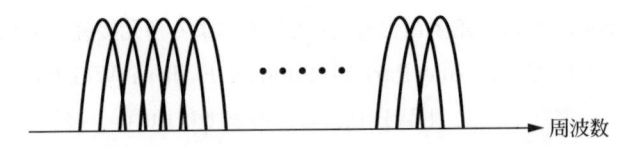

図1.10 MultiBand OFDM方式のスペクトル

に示すように，搬送波を拡散符号により直接広帯域に拡散する方式で，広い周波数帯域が必要になるが，信号の強さは弱くても情報を伝送することが可能である．これは，携帯電話や無線LANなどのCDMAで使われている方式である．

**(2) マルチバンドOFDM方式**

　MBOA (MultiBand OFDM Alliance：IEEE 802.15. TG 3 aにおける標準化を検討している Intelや Texas Instruments，日本からはNEC，松下電器産業，三菱電機，富士通など50社以上が参加する非営利団体）は，マルチバンドOFDM方式を提案している (http://www.multibandofdm.org)．

　図1.10に，マルチバンドOFDM (Orthogonal Frequency Division Multiplexing：直交周波数分割多重）方式のスペクトルを示す．一定の周波数帯域内で複数の周波数の搬送波を同時に使用して通信する方式である．UWBの帯域全体を約500 MHzのサブバンドに分割（マルチバンド化）し，その各サブバンドはOFDMによる数MHzのサブキャリアで構成される．従来技術の組み合わせによる方式であるが，広い帯域を効率よく利用し，情報伝送の高速化を図っている．

　仕様のVersion 1.0では，通信速度と通信距離の関係は，110 Mbpsの場合は11 m，200 Mbpsの場合は6 m，480 Mbpsの場合は3 mを想定している．消費電力は250 mW以下に抑えるとしている．

### 1.4.2　UWBの標準化

　UWBの標準化はIEEE 802.15.3 aにおいて，2003年9月以降，これらの2方式のどちらにするかが協議されているが，2004年8月時点ではまだ結論が出ていない．そこで，DS-UWBを提案するNiCTとFreescale Networkは，CSM (Common Signaling Mode) 方式を提案した．NiCTは，通信総合研究所

(CRL：Communications Research Laboratory) と通信・放送機構 (TAO：Telecommunications Advancement Organization of Japan) が 2004 年 4 月に統合された独立行政法人である．CSM 方式とは，「二つの PHY（物理層：OSI 参照モデル[*1-2] の第 1 層に位置し，ネットワークの物理的な接続・伝送方式を定めたもの），一つの MAC（Media Access Control layer：LAN のフレーム構造やアクセス手法を規定するもので，OSI 参照モデルにおけるデータリンク層の一部分に相当する)」という考え方によるもので，マルチバンド OFDM 方式と DS-UWB 方式の二つの PHY を認めた上で，両方式の共存に必要な作業は MAC のプロトコルで行う方式である．2003 年 3 月以来，CRL（旧通信総合研究所）が提案してきた SSA（Soft Spectrum Adaptation）方式は，SDR（Software Defined Radio：ソフトウェア無線）技術を UWB に応用すればソフトウェアの書き換えやモードの切り替えによって異なる変調方式への対応が可能なので，この CSM 方式に適していたが，2004 年 3 月の IEEE 802.15.3a 標準化会議で提案された CSM 方式による妥協案は，投票の結果わずかの差で否決された．

一方，マルチバンド OFDM 方式を推進する MBOA は，IEEE 802.15.3a での標準化を待たずに，2005 年には製品化を計画している．

UWB の最大伝送速度（通信容量）は，シャノンの通信容量〔bit/sec〕より

$$C = B \log 2\left(1 + \frac{P}{N}\right) \tag{1.2}$$

ここで

$C$：最大伝送速度〔bit/sec〕

$B$：占有帯域幅〔Hz〕

$P$：信号電力〔W〕

$N$：雑音電力〔W〕

---

[*1-2] OSI（Open Systems Interconnection）参照モデルとは，ISO により制定された異機種間のデータ通信を実現するためのネットワーク構造の設計方針で，コンピュータの持つべき通信機能を階層構造に分割したモデルである．「OSI 基本参照モデル」や「OSI 階層モデル」とも呼ばれ，通信機能を 7 階層に分け，各層ごとに標準的な機能モジュールを定義している．

で表され，占有帯域幅 $B$ が数 GHz のときには最大伝送速度 $C$ は数 Gbps が可能となるため，ハイビジョン画質の動画データのライブ転送も実現可能となる．ディジタル AV を中心に，PC を含む様々なエレクトロニクス機器への応用が期待されている．日本やヨーロッパにおいても，周波数帯域の解放や通信に関する標準・規格制定のための作業が進められている．

## 1.5　ZigBee

ZigBee のデータ転送速度は最高 250 kbps で，最大通信距離は 30 m，一つのネットワークに最大で 255 台の機器を接続できる．アルカリ単 3 乾電池 2 本での稼働時間は数カ月から 2 年間となるので，転送速度が遅くてもかまわない家電の遠隔制御などに適している．MAC がソフトウェアを供給しているので，機器に組み込みやすい．DS-SS 方式と，チャネルアクセスには CSMA/CA（Carrier Sense Multiple Access with Collision Avoidance）方式を採用している．ACK メッセージプロトコルやパケットごとの 16 ビット CRC チェックにより，情報伝送の正確さも高い．ユーザが設定を意識することなく利用できるアドホックネットワークであり，ネットワークには 30 ミリ秒以内で接続できる．

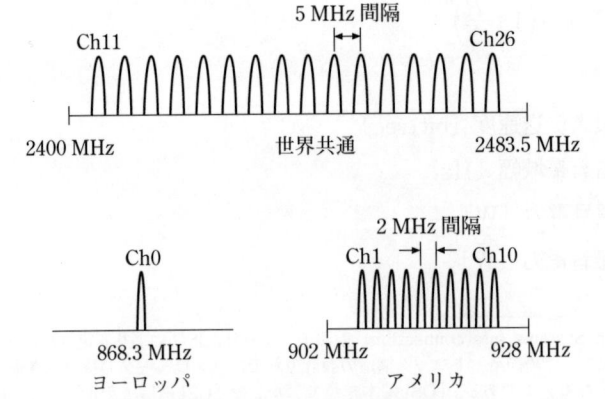

図 1.11　ZigBee の周波数帯域が割当て

仕様の策定作業は，Honeywell, Invensys, 三菱電機, Freescale Network, Philips Electronics がプロモーター企業を勤める ZigBee Alliance が行っている．日本からは沖電気やオムロンが協力メンバーとして参加している (http://www.zigbee.org/)．

物理層のインタフェースには IEEE 802.15.4 が使われ，図1.11 に示す周波数帯域が割り当てられている．世界共通の 2.45 GHz 帯での伝送速度は 250 kbps，アメリカの 915 MHz 帯での伝送速度は 40 kbps, ヨーロッパの 868 MHz

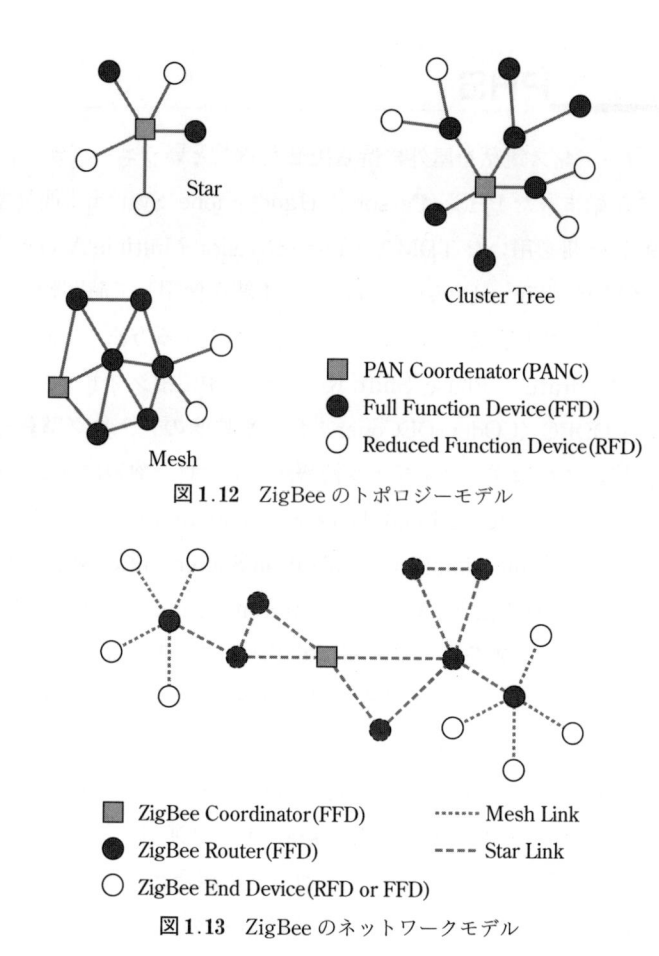

図 1.12 ZigBee のトポロジーモデル

図 1.13 ZigBee のネットワークモデル

帯での伝送速度は 20 kbps である．以前，家電向けの無線通信規格のプロトコルとして推進されていた HomeRF の技術を転用した HomeRF Lite で通信する．

ZigBee には，PAN Coordinator（PANC），Full Function Device（FFD），Reduced Function Device（RFD）の 3 種類がある．図 1.12 にトポロジーモデル（ネットワークにおける物理的な配線レイアウト），図 1.13 にネットワークモデルを示す．ZigBee は，省電力性に優れた次世代無線通信標準「ZigBee」として期待されており，IEEE 802.15.4 b として検討されている．

## 1.6　PHS

「家庭からコードレス電話を屋外に持ち出せたら」というニーズから，1995 年よりサービスが始まった PHS（Personal Handyphone System：簡易型携帯電話）は，1.9 GHz 帯を用いた TDMA（Time Division Multiple Access：時分割多重化方式）/TDD（Time Division Duplex：1 波を使用して時間軸を分割し，送信と受信を高速で切り替え，見掛け上同時送受信をする方法）方式で，$\pi/4$ シフト QPSK（Quadrature Phase Shift Keying：4 相位相シフト・キーイング）による変調，CODEC（COder-DECoder：音声や映像のアナログ情報をディジタル情報に変換，または逆にディジタル情報からアナログ情報に変換するための電子回路）には ITU（International Telecommunication Union：国際電気通信連合）-T（Telecommunication Standardization Secter：電気通信に関する標準化部門）G.726 準拠 ADPCM（Adaptive Differential Pulse Code Modulation：アナログの音声データの差分をとり圧縮してディジタル化する方式）を採用したディジタルコードレス電話の発展形である．PHS 基地局と公衆回線の接続には ISDN（Integrated Services Digital Network：総合ディジタル通信網）が使われている．PIAFS（PHS Internet Access Forum Standard：PHS でデータ通信を行うための規格）という方式での 64 kbps データ通信や最大 128 kbps のパケットデータ通信が可能で，ノート型パソコンとの組合せによるモバイル機器としての利用が盛んになってきた．また，256 kbps へのデータ通信の高速化が予

定されている．一つの PHS 基地局からの通信エリアは 150 m〜500 m と他の無線ディバイスに比べて広く，すでに実用に入ってからの実績もあり，PHS をユビキタスネットワークにおける無線ディバイスとして利用するビジネスも始まっている．具体的には，遠隔地にある機器の管理を PHS を用いて合理的に行う**テレメタリング**がそれにあたる．Willcom（旧 DDI ポケット）では，ガスメータ，自動販売機，無人駐車場の発券，料金精算機などに専用の PHS 端末を設置する

（資料提供：DDI ポケット株式会社）

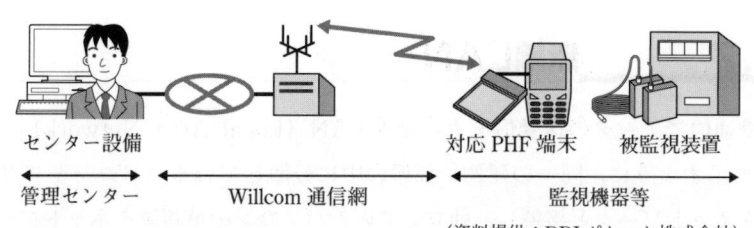

図 1.14 Willcom のテレメタリングサービス

（資料提供：DDI ポケット株式会社）

図 1.15 Willcom のテレメタリングサービス導入イメージ

ことで，管理センターにおいて在庫・釣り銭・故障などのデータ収集が可能となる．伝送速度は 64 kbps で，配線工事が不要なため初期投資額を抑えることができる．さらに，自動的にデータを収集できるので定期巡回等の必要がなくなり，業務の合理化を図ることにより人件費を削減できる．図 1.14 に Willcom のテレメタリングサービス，図 1.15 に Willcom のテレメタリングサービス導入イメージを示す．

## 1.7　無線LAN

　無線通信でデータの送受信をする無線 LAN（Local Area Network）は，図 1.16 に示すように，同一の建物や部屋の中に分散しているパソコンやプリンタなどをネットワークと接続し，独立しているパソコンの情報源をネットワークで共有し，これらを経済的かつ効率的に使うための手段である．各端末には無線 LAN カードが必要で，**アクセスポイント**と呼ばれる中継機器を経由して通信を行う．アクセスポイントを用意せずに，無線 LAN カード同士が直接通信を行うこともできる．台数が多くなるとケーブルの本数も多くなって配線が複雑になる Ethernet-LAN と比べ，設定が複雑ではあるが，この LAN ケーブルを無線通

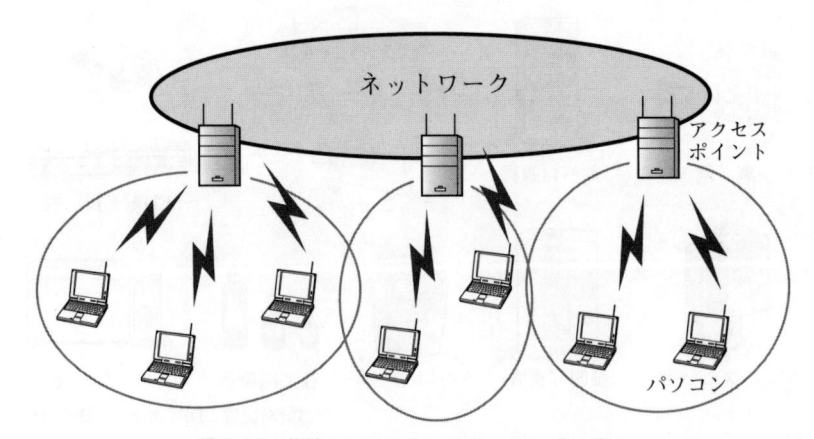

図 1.16　無線 LAN のネットワークトポロジー

信に置き換えることにより，維持コストなども長期的に考えると無線LANの方が低く抑えられる．このコスト面のメリットが注目されて，近年，企業はもとより家庭での導入も増えている．

無線LANの標準化については各社バラバラであった規格を，1997年にIEEEが中心となって，IEEE 802.11という無線LANに関する規格を策定した．この規格により，無線LANは次のように統一されている．

- IEEE 802.11：無線LAN最初の規格．使用周波数2.45 GHz帯，最大2 Mbps
- IEEE 802.11 a：使用周波数5 GHz帯，最大54 Mbps
- IEEE 802.11 b：使用周波数2.45 GHz帯，最大11 Mbps
- IEEE 802.11 c：有線LAN（Ethernet）と無線LANのブリッジ方法の規定
- IEEE 802.11 d：802.11の周波数が利用できない地区向け
- IEEE 802.11 e：QoS（Quality of Service：ネットワーク上で一定の通信速度を保証する技術）機能の追加，特定の通信への優先権
- IEEE 802.11 f：別々のベンダーのアクセスポイント同士へのローミング
- IEEE 802.11 g：使用周波数2.45 GHz帯，最大54 Mbps（802.11 bの拡張）
- IEEE 802.11 h：Hiper LANとの互換性．（802.11 aの拡張）
- IEEE 802.11 i：WEP（Wired Equivalent Privacy：暗号化技術）のセキュリティ強化規格
- IEEE 802.11 j：日本における4.9 GHz〜5.2 GHz利用のための仕様
- IEEE 802.11 k：無線資源の有効活用
- IEEE 802.11 m：802.11 aと802.11 bの仕様の修正
- IEEE 802.11 n（仮称）：高速無線LANの仕様．IEEEに2003年新たに発足したTask Group Nにより策定作業が開始された100 Mbpsを超えるスループットに対応する無線LAN規格である（2006年策定を目標）

これらの規格に準拠することで，異なるメーカー間でも通信が可能になった．また，PHYにおける周波数，変調方式，物理層ヘッダなどを改良することで，データ通信の高速化及び，大容量化が図られている．

2.45 GHz 帯の IEEE 802.11 b は，CCK[*1-3] や DBPSK[*1-4]，DQPSK[*1-5] 方式と呼ばれる変調方式を使用し，多重化には DS-SS 方式を取り入れている．DS-SS 方式は，狭帯域信号に対し広帯域の信号を乗算することでスペクトルを拡散する．乗算する広帯域の信号は拡散符号と呼ばれ，拡散符号には擬似雑音信号を用いる．そのため，送信側の拡散符号を受信側でわからないと信号の存在を検出することができない．必然的に秘匿性も高くなる．また，無線 LAN システムの近傍に強い妨害電波を出す無線設備があるような場合（遠近問題）を除き，他の無線システムからの妨害に強く，他の無線システムに対しても妨害を与えにくいということも DS-SS 方式の特徴ではある．

IEEE 802.11 b は CCK や DQPSK, DBPSK の三つの高速データ通信に適した変調方式を使い分け，現在では決して速いとはいえないが，最大 11 Mbps での通信が可能である．同一セルには最大 3 台までの無線 LAN カードの接続ができる．1 カ所に 3 台のアクセスポイントを置くと，ローミングができなくなるというデメリットもある．

現時点では屋外では使用できない IEEE 802.11 a は，5 GHz 帯の周波数を使用し，3 種類の変調方式を用いる．変調方式は，BPSK[*1-6]，QPSK[*1-7]・16 QAM[*1-8] である．多重化には，OFDM 方式を使用している．OFDM 方式は，周波数が異なる複数の副搬送波を利用している．送信するデータを細かく分割し，それらを副搬送波に乗せて並列に伝送する．データを分割することで，一つ

---

[*1-3] Complementary Code Keying：5.5 Mbps や 11 Mbps の伝送モードで利用されるディジタル変調方式

[*1-4] Differential Bi-Phase Shift Keying：1 Mbps 伝送モードで利用される差動 2 値位相シフト・変調方式

[*1-5] Differential Quadrature Phase Shift Keying：2 Mbps 伝送モードで利用される差動 4 値位相シフト・変調方式で DBPSK 方式の 2 倍の情報量を持つことができる

[*1-6] Bi-Phase Shift Keying：位相変調．これは，最も単純な位相変調方式で，キャリアの位相を "0" と "1" に割り当てる．

[*1-7] Quadrature Phase Shift Keying：位相変調を利用したディジタル変調方式の一つで，BPSK の 2 倍の情報を伝送できる．

[*1-8] Sixteen Quadrature Amplitude Modulation：QPSK と ASK をあわせた変調方式で，BPSK の 4 倍の情報が伝送できる．高速ディジタル通信を狭帯域で実現できるという特徴がある．

の搬送波あたりのシンボル伝送速度をシリアル転送する場合よりも遅くし，補完信号を挿入することもできる．このため，フェージング（無線通信において信号の強度等が時間的・空間的に変化する現象）やマルチパスの影響を小さくすることができる．また，隣り合う副搬送波の帯域が重なり合うほどに近接させても干渉することがないように，互いに**直交**させて送信する．加えて OFDM 方式は，データを時間的に一部重複させて送る**ガードインターバル**を用いており，マルチパスによって受信地点に時間的にズレを持った信号が到来してもマルチパス障害が出ないという特徴があげられる．

IEEE 802.11 a は 5 GHz 帯を用いているので障害物にも大きく影響を受け，遠距離では信号の品質が著しく劣化するが，伝送速度が最大 54 Mbps での通信が可能である．しかし，日本の家屋のような壁に仕切られた空間では，通信する周波数が低く，ハードウェアの消費電力が少ない IEEE 802.11 b や 11 g が向いている．また，5 GHz 帯を用いる IEEE 802.11 a は，電子部品の価格も 2.45 GHz 帯の IEEE 802.11 b や 11 g と比較すると高価になってしまう．これらの点を考慮すると，この後に述べる IEEE 802.11 g の方がパフォーマンスは高い．

IEEE 802.11 g は 2002 年 11 月に暫定承認され，2003 年 6 月 13 日に正式に標準化された規格である．IEEE 802.11 b と同じ周波数の 2.45 GHz 帯の電波を用いて，最大伝送速度が 54 Mbps での通信を実現している．ただし，11 g は速度の遅い 11 b との互換性を保つために，制御系の情報を運ぶ物理ヘッダを 1 Mbps で送信する必要があるので，11 a に比べると速度が落ちる．変調方式も高速な 11 g が 11 b の方式である CCK をサポートし，伝送方法は OFDM-CCK 方式を取り入れた．

また，IEEE 802.11 a と IEEE 802.11 g はともに OFDM 方式を採用しているが，IEEE 802.11 a は 5 GHz 帯で **IEEE802.11a 物理層ヘッダ**を使用している．それに対して IEEE 802.11 g は，2.45 GHz 帯で **IEEE802.11b 物理層ヘッダ**を使用しているため，IEEE 802.11 a と IEEE 802.11 g の互換性はない．

無線 LAN は，PHY の三つのコンポーネント（周波数帯，変調方式，物理層ヘッダ）のうち一つでも異なる規格同士では基本的に互換性はない．ただし，

PHYより上のMACは，IEEEの無線規格であれば802.11と同じヘッダフォーマットをそのまま利用している．

無線LANの標準規格であるIEEE 802.11 aやIEEE 802.11 bの普及促進を目指し，無線LAN技術の推進団体であるWi-Fi Alliance[*1-9]が無線LANを消費者へ浸透させるために，無線LANの標準規格であるIEEE 802.11 aとIEEE 802.11 bに「**Wi-Fi**（Wireless Fidelity）」という愛称をつけた．

Wi-Fi Allianceは，IEEE 802.11 a対応製品とIEEE 802.11 b対応製品の相互接続性のテストを行っている．ただし，IEEE 802.11 aとIEEE 802.11 bの間には互換性がないので，IEEE 802.11 a対応製品とIEEE 802.11 b対応製品とは別々のテストが行われる．このテストに合格したIEEE 802.11規格の無線LAN機器には「**Wi-Fi CERTIFIED**」というロゴを製品パッケージにつけることができ，他社製品との互換性が保証される．以前は相互接続性のみがテストされていたが，現在ではWPA（Wi-Fi Protected Access：無線LANにおけるデータ暗号化方式のひとつで，従来のWEPよりも安全性が強化された）機能も対象となっている．WPAにはクライアントごとにユーザを認証する機能が盛り込まれている．また，従来は固定キーを使って暗号化を行っていたが，WPAではキーを自動的に変更する強力な暗号化プロトコルである**TKIP**[*1-10]を採用することにより，安全性を高めるように改善されている．従来のWPA未対応の無線LANの機器は，多くのものがドライバやファームウェアの更新だけでWPAに対応できるようになる．

機器の低価格化により，無線LANは身近なものになった．一方で通信内容の漏洩や不正アクセスなど無線LANの危険性が指摘されているが，利用者の知識不足や意識の低さから，WEPやMACアドレス認証などの基本的な対策がされていない無線LAN環境が見受けられる．そこで無線LANのセキュリティにお

---

[*1-9] 以前はWECA（Wireless Ethernet Compatibility Alliance）と呼ばれ，2002年10月に現在の名称に変更された．この団体には，3com，富士通，Lucent Technologies，NEC，ソニー，東芝など200社以上の業界各社が参加している．

[*1-10] Temporal Key Integrity Protocol：IEEE 802.11 i，WPAにて規定されるWEPの脆弱性を強化した暗号方式．

## 1.7 無線LAN

**表1.1 主な無線LAN規格**

| 規格 | IEEE 802.11 g | IEEE 802.11 b | IEEE 802.11 a |
|---|---|---|---|
| 周波数帯 | 2.400〜2.472 GHz | 2.400〜2.472 GHz | 5.15〜5.25 GHz |
| 変調方式 | DBPSK, DQPSK, CCP, BPSK, QPSK, 16 QAM | DBPSK, DQPSK, CCK | BPSK, QPSK, 16 QAM |
| 拡散方式 | OFDM-CCK | DS-SS | OFDM |
| 最高通信速度 | 54 Mbps | 11 Mbps | 54 Mbps |
| 周波数干渉 | やや影響有り | やや影響有り | 影響されにくい |
| 11bとの互換性 | 有り | — | 無し |
| 通信距離 | 長い | 長い | 短い |
| 透過性 | 良い | 良い | 悪い |
| 屋外使用 | OK | OK | 認可制 |
| コスト | 安価 | 安価 | 高価 |

いてさらなる不安を解消する無線LANセキュリティ規格として，従来のWEPと置き換えるべくIEEE 802.11iが登場した．IEEE 802.1xとTKIP[*1-10]に加えて，米国連邦標準・技術局（National Institute of Standards & Technology：米国商務省（DOC）の傘下で，計量・標準行政を推進している）によって次世代標準暗号化方式にも選ばれているAES（Advanced Encryption Standard）方式を採用する．暗号化通信技術のWPAが標準化されたときと同じように，すべてのWi-Fi準拠をうたう無線LAN機器で802.11iを標準サポートすることが要求されるであろう．

主な無線LAN規格を表1.1に示す．現在の無線LANの開発状況は，実験室レベルであるが，200 Mbpsのデータ伝送に成功しており，情報伝送速度もUWBに迫っている．

## 1.8　特定小電力無線設備

　ユビキタスネットワークの端末に用いる無線デバイスは，通信距離が非常に短く，送信機の出力電力（空中線電力）が小さい無線設備がほとんどである．一般に無線局を開局するには，電波法に基づいた無線局開局のための申請や届出が必要となる．具体的には，ユーザが国家試験を受けて無線従事者となり，複雑な免許申請の手続きや無線局落成検査を受けた後に無線局免許状を取得し，その無線設備が運用できる．しかし，小電力の無線設備を運用するのに，これらの手続きは面倒である．そこで短距離通信のユビキタスネットワークの端末装置として実用的な通信距離が得られ，ユーザが無線従事者でなくとも運用できる，電波法に定められた免許の不要な無線局のひとつに**特定小電力無線設備**がある．

　これは，ARIB（Association of Radio Industries and Businesses：電波産業会）標準規格（STD-T 67：使用周波数は 400 MHz 帯，および 1200 MHz 帯）により以下の条件を満足しなければならない．

① 無線設備の空中線電力が 10 mW 以下（一部のシステムでは 1 mW 以下）
② 総務省令で定める「呼び出し符号あるいは呼び出し名称を自動的に送信する又は受信する機能」などを有する．
③ 他の無線設備への混信，妨害の無いもの

（旧 タスコ電機：DTR-10）

**写真 1.3**　特定小電力無線設備の例

④ 登録証明機関 TELEC（TELecom Engineering Center：財団法人テレコムエンジニアリングセンター）などで技術基準適合証明を受けた無線設備

特定小電力無線設備の用途としては，データ伝送，テレメータ，テレコントロール，医療用テレメータ，無線呼び出し，ラジオマイク，補聴援助用ラジオマイク，無線電話，移動体識別，ミリ波レーダ，ミリ波画像伝送用などがある．

登録証明機関で行う特定小電力無線機器の技術基準適合証明や認証における試験には，次の項目がある．

① 送信装置：周波数，占有周波数帯幅，スプリアス発射の強度，空中線電力，隣接チャネル漏えい電力
② 受信装置：副次的に発する電波などの限度
③ その他の装置：混信防止機能，送信時間制限装置，キャリアセンス

技術基準適合証明を受けた機器はその改造ができないように，筐体と空中線（アンテナ）は一体で，筐体は容易に開けることができない構造にしなければならない．また，高利得な空中線（アンテナ）を使えないように，筐体には空中線端子を備えてはならない．ただし，等価等方輻射電力が絶対利得＋2.14 dBi の空中線に 10 mW（426.025 MHz 以上で 426.137 MHz 以下の周波数の電波を使用するものでは 1 mW）の空中線電力を加えたときの値よりも低くなる場合は，その低下分を空中線の利得で補うことができる．

他の無線設備への混信や妨害を与えないように，送信する前にその周波数をモニタするキャリアセンス機能を有していなければならない．この周波数が空いているかどうかの判定は，絶対利得が＋2.14 dBi の空中線に誘起する電圧が 7 μV 以上（400 MHz 帯）および，4.47 μV 以上（1,200 MHz 帯）とし，キャリアセンスの応答時間は 20 ミリ秒以内としている．ただし割り当て周波数の中には，キャリアセンス機能が必要ない周波数帯もある．送信用及び受信用の空中線はそれぞれ個別のものとしてもよいが，受信用とキャリアセンス用のアンテナは同一のものでなければならない．

## 1.9 微弱電波無線設備

前述の特定小電力無線設備と同様に免許の不要な無線局で，特定小電力機器よりも発射する電波が著しく微弱な無線設備を**微弱電波無線設備**という．これは，

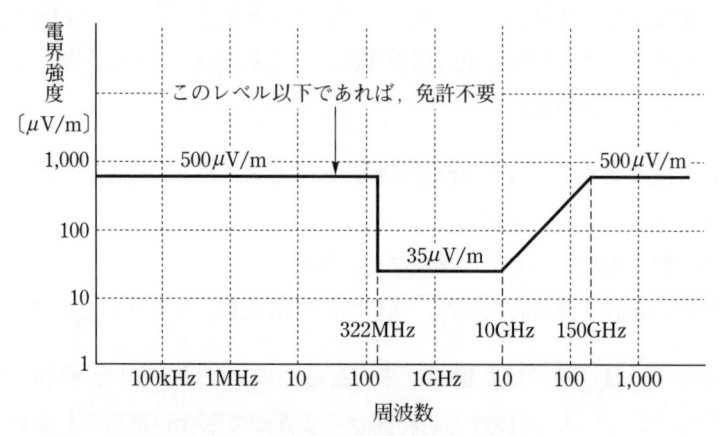

**図1.17 微弱電波無線設備の電界強度**

**写真1.4 微弱電波無線設備の例**
(旧 タスコ電機：TZ-10)

無線設備から3メートル離れた位置の電界強度が，図1.17に示すように使用する電波の周波数において規定された電界強度の値よりも低ければ，周波数や変調方式，用途などについての制限がない．電波法では，3m地点の電界強度のみが規定されている．ここで，最大 500 μV/m の強い電界強度の無線設備を使用できる周波数は 322 MHz 以下の周波数であり，322 MHz 以上の周波数では電界強度が最大 35 μV/m となってしまうので，あまり実用化されていない．

## 1.10　DSRC

DSRC（Dedicated Short Range Communication：専用狭域通信）は，図

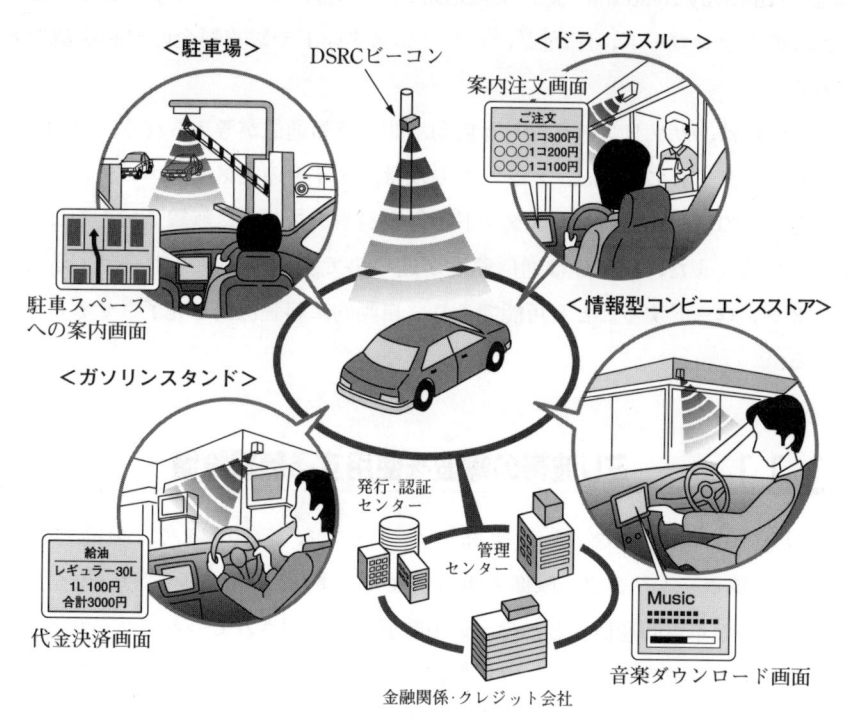

図1.18　DSRCの一例

（出典：三菱電機 Web ページより）

1.18 に示すように，これから進化すると期待されている ITS（Intelligent Transport Systems：高度道路交通システム）の分野の無線ディバイスである．直径 30 m のスポットで，5.8 GHz 帯を用いた双方向ブロードバンド通信（4 Mbps）を実現する．変調方式は，ETC（Electronic Toll Collection system：ノンストップ自動料金支払いシステム）では ASK（Amplitude Shift Keying：振幅シフト・キーイング），DSRC では $\pi/4$ シフト QPSK が使われている．空中線電力は 10 mW 以下である．同一スポット内で 4〜8 端末が利用できる．

DSRC システムは ARIB STD-T 75 で標準化されたものである．DSRC を用いて，路側器（路側に設置された無線機器）と車載器（車両に搭載された無線機器）の間で無線通信を行う．応用例としては，ETC, AHS（Advanced Cruise-Assist Highway Systems：走行支援道路システム），インターネット接続，音楽や動画のダウンロード，IP 電話，ガソリンスタンドや駐車料金の自動決済などがある．

具体的には，ガソリンスタンドと自動車間の情報通信が考えられる．自動車はガソリンスタンドに入ると，ガソリンの残量，タイヤの空気圧，エンジンオイルの状態などの情報をガソリンスタンドの従業員やシステムに無線で伝えることが可能となる．また，DSRC は通信速度が速いので給油中にカーオーディオに音楽をダウンロードすることも可能であり，自動的に料金決済を完了させることもできる．

## 1.11 ミリ波帯の電波を使用する無線設備

ミリ波（60 GHz 帯など）は家庭やオフィスなどの屋内で，超高速無線 LAN，無線ホームリンク，映像多重伝送など，また屋外においては，安全走行支援のための車車間通信などへの至近距離通信に利用されている．ユーザが利用しやすいように免許を必要としない無線システムであり，様々な無線システムの導入が可能なように通信方式や変調方式などを限定せず，周波数の許容偏差など電波監理に最低限必要な項目のみを規定している．以下にその例を示す．

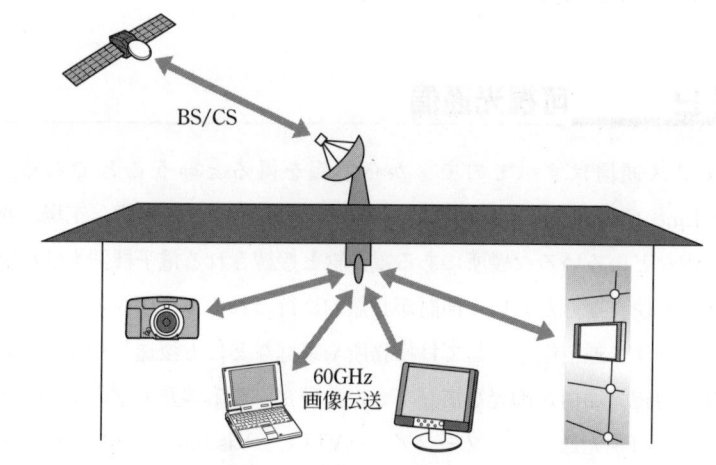

## ①映像多重伝送システム

映像多重伝送システムは図1.19に示すような，主として屋内（家庭内など）において地上波，BS, CS 放送及び CATV 放送の映像情報などを受像機に伝送する無線システムである．

## ②超高速無線LAN

超高速無線 LAN は，主として屋内（オフィス内など）で使用する 156 Mbps 程度の大容量伝送が可能な無線 LAN システムである．

図1.19　映像多重伝送システム

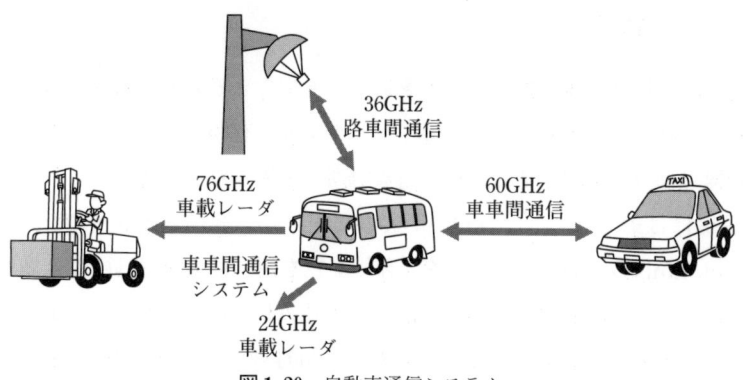

図1.20　自動車通信システム

③無線ホームリンク

　無線ホームリンクは，家庭やSOHO等のディジタル電子機器（AV機器，パソコン，電話機等）間を接続する無線システムで，IEEE 1394で規格化されたパソコンと周辺機器などを接続する100 Mbps〜1.6 Gbpsの高速インタフェースに対応する．

④自動車通信システム

　自動車通信システムは図1.20に示すように，危険情報等を走行中の前後の車両に伝送する車車間通信システムなどがある．

## 1.12　可視光通信

　ユビキタス通信はすべてのモノから情報を得るということである．PLC (Power Line Communication：電力線伝送)が普及すれば家庭，工場，倉庫，トンネル内などいろいろな場所にある電力線と接続される電子機器も情報通信端末機器として使えないかという検討が必然的に行われるようになる．特に照明器具は，ユビキタス通信端末としては事務所や家庭などにも浸透しやすいということもあり，可視光通信が脚光を浴びてきた．現在，慶応義塾大学の中川正雄教授を会長として可視光通信コンソーシアム（VLCC：Visible Light Communications Consortium）が設立され，デモンストレーションも行われている．以下に可視光通信の特徴を示す．

- 光を用いた超近距離の通信では光をスポット化できるので，無線通信のような電波での漏洩が起こりにくく，セキュリティ面で有利である．
- 照明器具は室内を照らすために最適な場所に設置されている．
- 通信用には適さなかった白熱電球や蛍光灯が，通信にも使用できるLED (Light Emission Diode：発光ダイオード）を用いた照明器具に置き換わり始めている今が，照明器具に通信機能を組み込みやすいタイミングである．
- 電気エネルギーを光量に変換する効率は，2004年あたりにLEDが蛍光灯を上

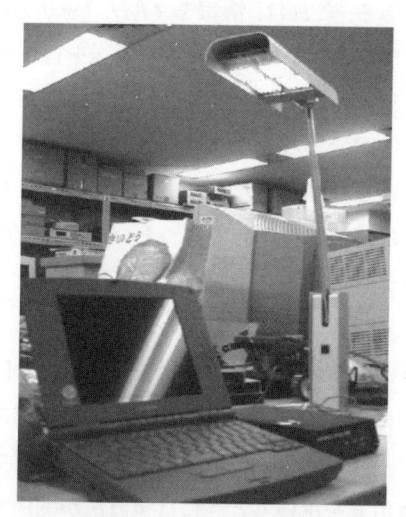

写真 1.5　NTSC-TV 画像の可視光伝送実験　　写真 1.6　PLC と可視光通信

回り，将来的には LED の発光効率はますます高くなっていくと考えられる．
- LED になれば，高速の情報通信も可能である．より高速を求める場合は，LD（Laser Diode：レーザダイオード）を用いる通信機器になる．
- 光は，無線に比べて広帯域通信や多重化が簡単に行える．
- 光は，技術的に広帯域通信が容易に行える．UWB のような無線の広帯域通信は，たとえば 6.85 GHz を中心とした 3.1〜10.6 GHz の広帯域回路やアンテナを作るのは難しい．これは「GHz」という帯域が無線の搬送波に近くなってきているためである．しかし，光の領域での数 GHz の帯域は，光から見ると狭帯域となるので扱いが簡単になる．
- 無線回路に比べて回路が簡単で，部品の価格が安いので，安価にシステムが構築できる．
- 波長多重などの多重化技術も考えられるが，幾何学的に発光素子と受光素子をうまく配置することにより，光の直進性を利用する多重化が可能である．たとえば，8×8 のマトリックス状に発光素子を配置した送信機に対し，8×8 のマトリックス状に受光素子を配置した受信機を対応させると，大容量伝送も可能で

ある．これは，情報をマルチキャリアに分散し，伝送してから受信側で情報を合成することにより大容量伝送を行う OFDM の技術に共通するところである．

- 無線の電波は不可視の伝送媒体であったが，可視光になると人間の目で見ることができる．したがって，受信機（受光素子）に向けて人間が目視によりビームを絞り込んだ光を当てるということが可能になる．ちょうど，射撃ゲームで的に照準を定めて打つという感覚で可視光通信を扱える．
- 光は壁があると通過しないということをデメリットとしているが，光ファイバ，鏡，穴などを用いれば壁を挟んでの通信も可能である．
- 電波が人体に対する影響があるのと同じように，強い光になった場合には眼球に対してダメージを与える可能性がある．その点では，スポットビーム的なレーザ光通信では扱い上の注意が必要である．
- 電波を用いるときには電波法が関係するが，可視光通信に関しては特に電波法の規制がない．
- 光は水蒸気や雨の影響を電波よりも受けやすい．
- 太陽光の下での通信は，偏光フィルタなどを組み合わせることで可能になる．
- 色をもつものは，カメラで取り込めばそれも情報となるので，カメラも可視光通信の端末として考えてよいであろう．

VLCC での実験によれば，交通信号機を用いて 10 m 程度の通信が確認されている．また，前述の DSRC の分野にでも可視光通信は応用できる．トンネル内でも照明機器から位置情報を得ることができるので，カーナビゲーションへの応用も可能である．これは自動車に限らず，地下街やビル内での人へのポジショニングサービスも可能となる．

# 第2章

# 注目を浴びる非接触ICカードとRFタグ

第1章で，無線ディバイスの概要を述べた．本章では，その中でもユビキタスネットワークの無線ディバイスとして注目度の高い，非接触ICカードとRFタグについて詳しく説明する．非接触ICカードやRFタグは，物の識別に使われているバーコードシステムとよく比較される．非接触ICカードやRFタグがバーコードシステムより優れている点は，無線を介してバーコードよりもはるかに多くの情報の記憶・読み出し・書き換えができる点（読み出し専用の非接触ICカードやRFタグもある）である．また，電波による通信のため，光が遮断されても電波を通す物質であれば情報の書き込み・読み出しができることも優位な点といえる．一方，バーコードシステムに劣る点は，電波を用いているために同じ周波数を用いる他の無線システムとの干渉問題が存在することである．このように長所や短所はあるが，非接触ICカードやRFタグは，人や物を管理する上で，情報を物から発信させるための利便性の高さから，アパレル，印刷，サービス，自動車，商社，出版，金融，交通，流通，情報通信などさまざまな業界での導入が期待されている．

## 2.1　非接触ICカードとRFタグの区別

本書では，非接触ICカードとRFタグを，次のように区別する．
●非接触ICカード
　外形寸法が86 mm×54 mm×0.76 mmの識別カードは**ID-1サイズ**と呼ばれ，ISO/IEC 7810で規定されている．ISO/IECにおいてJTC 1-SC 17-WG 8で審

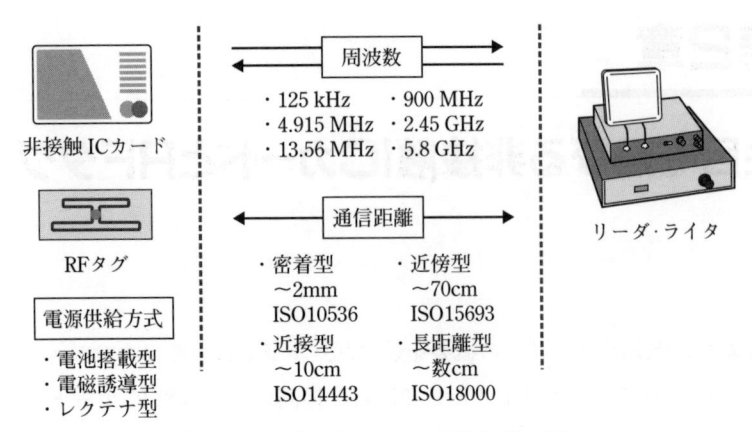

図 2.1 非接触 IC カードと RF タグの分類

議された，主に人の管理を行う 13.56 MHz を用いて非接触により通信を行う ID-1 サイズの IC カード型無線移動識別を非接触 IC カードと呼ぶこととする．

●RFタグ

JTC 1-SC 31-WG 4 で審議された，主に物の管理を行うための，形状を特定しない無線移動識別を RF タグと呼ぶこととする．RF タグは，日本では 125 kHz 帯から 5.8 GHz 帯までの周波数での使用もしくは導入にあたって，その規格が検討されている．

非接触 IC カードと RF タグを以下の節で，図 2.1 に示すような周波数，電源供給方式，通信距離の観点から分類する．

## 2.2 周波数による分類

非接触 IC カードと RF タグを周波数ごとに分類する．
●長波帯（9〜250 kHz, 400〜530 kHz）

長波帯の RF タグは，9〜250 kHz や 400〜530 kHz で使用されている．この周波数は，ISM（Industrial, Scientific and Medical Band：産業科学医療用バンド）には指定されていない．ヨーロッパの規格（ETSI 300330）では，135 kHz

を超えるとリーダ・ライタからの送信出力電力の許容値が下がるため，125 kHz や 134 kHz が用いられている．

すでに多くの製品が販売されているが，国際的には標準化されていなかった．1998 年から自動認識用 RF タグの規格化審議が始まっている．日本では，質問器から $\lambda/(2\pi)$ の距離において 15 $\mu$V/m 以下の電界強度であれば，特に本システムの使用にあたって無線局免許の申請などの手続きは必要ない．RF タグ側は電池を搭載せず，ループアンテナによる電磁誘導方式（10～250 kHz）や電磁結合方式（400～530 kHz）が使われている．実用例では動物の管理（ISO 11785），入退室管理，スキー場でのリフト券，イモビライザ（自動車の盗難予防）などがある．

## ●4.915 MHz

通信距離が 2 mm 程度の電磁結合方式の密接型 RF タグ（ISO/IEC 10536）で，RF タグからリーダへは副搬送波 307.2 kHz を用いて BPSK 変調で情報を伝送する．伝送速度は主に 9.6 kbps である．

## ●6.78 MHz帯

6.765～6.795 MHz は，ITU において ISM バンドとして認められており，ヨーロッパでは非接触 ID 識別用に使用されている．

## ●13.56 MHz

短波帯の 13.56 MHz を使用し，ループアンテナによる電磁誘導方式が使われている．平成 14 年度に，本システムの使用にあたっての無線局免許手続きの簡素化と，質問器の空中線電力（アンテナに送信回路から供給される電力）の規制緩和が行われた．規制緩和前は，質問器の空中線電力は 1 W 以下，空中線利得（アンテナの絶対利得[*2-1]）が−30 dBi 以下であったが，緩和後は，電界強度（受信する場所で電波がどれくらいの強さで届いているかの目安で，電界方向に向いた単位長の銅線に誘起する電圧）あるいは磁界強度の許容値で規定されてい

---

[*2-1] アンテナの絶対利得とは空想上の点アンテナ（アイソトロピックアンテナ）を基準にして，使用するアンテナの電波が最も強く放射される方向においてアイソトロピックアンテナの放射電力に比べて，よりどれくらい強いか，または弱いかの電力的な比率をとったもの．単位は dBi である．

表2.1 13.56 MHzの電界強度

| 地域 | アメリカ | ヨーロッパ | 日本 |
|---|---|---|---|
| 規格 | FCC 15,225 | ERC/REC 70-03E | ARIB STD-T82 |
| 13.56 MHz±7 kHz | 15848 μV/m | 60 dB μA/m | 47544 μV/m |
| 13.56 MHz±7 kHz 以外 | — | — | — |
| 13.56 MHz±150 kHz | 334 μV/m | 9 dB μA/m | 1061 μV/m |
| 13.56 MHz±150 kHz 以外 | — | −3.5 dB μA/m | — |
| 13.56 MHz±450 kHz | 106 μV/m | — | 316 μV/m |
| 13.56 MHz±450 kHz 以外 | 30 μV/m | — | 150 μV/m |
| 送信機と観測点間の距離 | 30 m | 10 m | 10 m |

る．表2.1に地域ごとの電界強度や磁界強度を示す．日本の場合，約25 cmの通信距離が得られる．

後述のUHF帯（900 MHz帯）やマイクロ波帯（2.45 GHz帯）は，人体中にある水分子を共振させて発熱を起こす可能性があるため，人が持ち歩く非接触ICカードにはこの13.56 MHzの方式が選ばれた．

規制緩和については，電波産業会（ARIB）のSTD-T 60「13.56 MHzを利用したワイヤレスカードシステム」で知ることができる．

### ●27.125 MHz帯

ヨーロッパでは，26.957〜27.283 MHzは移動無線識別に用いられている．この周波数は，国際的なCBラジオ（Citizen Band Radio：市民無線）に26.565〜27.405 MHzが割り当てられている．また，医療用熱源装置，製造現場での高周波溶接装置，ペイジャー（無線呼び出し），ラジオコントロールなどにも用いられているので，これらのシステムとの混信問題が存在する．

### ●40.68 MHz帯

40.660〜40.700 MHzでも移動無線識別に用いられる可能性はあると思われるが，筆者らの調査では現時点ではその実用例が見つけられていない．

## ●433.920 MHz 帯

433 MHz 帯は，世界的に 430.000〜440.000 MHz がアマチュア無線に割り当てられており，日本でも多くのアマチュア無線家に利用されている．国内ではこの周波数帯の RF タグへの導入について，以下の表 2.2 と表 2.3 に示す 2 種類の RF タグシステムが論議されている．この周波数はアマチュア無線の使用頻度が高い周波数帯であるので，RF タグへの導入に関しての話題は CQ 出版社のアマチュア無線家向けの雑誌「CQ ハムラジオ」(2003 年 10 月号) でさっそく取り上げられた．

提案システム 1 が導入されると，大きな問題はアマチュア無線との混信である．また，無線局を運用する者が無線従事者の資格を得てから運用しているアマチュア無線局には電波利用料を支払う義務があるが，RF タグではその恩恵を誰が享受するのかが明確でないので，電波利用料の徴収は難しいと思われる．日本アマチュア無線連盟は，この提案システム 1 の導入には慎重な立場をとっている．

提案システム 2 は，実際に使用されるのが一般家庭から離れた郵便局の郵便物

表 2.2 提案システム 1

| | |
|---|---|
| 送信機出力 | 50 mW 以下 |
| 空中線利得 | 12 dBi 以下 |
| 変調方式 | ASK，FSK，PSK，QPSK など |
| 占有周波数帯幅 | 4 MHz，500 kHz，12.5 kHz など |
| 利用分野 | 主に屋外使用（コンテナ，アミューズメント設備など） |

表 2.3 提案システム 2

| | |
|---|---|
| 送信機出力 | 1 μW-eirp（eirp とは送信機出力×空中線利得）以下 |
| 方式 | 微弱電波アクティブ RF タグ |
| 変調方式 | FSK |
| 占有周波数帯幅 | 約 50 kHz |
| 利用分野 | 新東京国際空港郵便局，大阪国際郵便局の局舎内 |

表 2.4 地域ごとの 433 MHz 帯の状況

| 規格 | アメリカ<br>FCC15, 231 | ヨーロッパ<br>ERC/REC70-03Annex 1 | 日本<br>電波法 |
|---|---|---|---|
| 内容 | ●発振 1 秒, 停止 30 秒のような周期的動作<br>● 3 m 離れた地点での電界強度が 4400 μV/m | ● 430.05〜434.79 MHz<br>●送信機出力電力は 10 mW-eirp | ●現在，430〜440 MHz はアマチュア無線用に割当て |

の区分けを行う局舎内で用いられることや，送信電力が 1 μW-eirp[*2-2] 以下と小電力であり，使用頻度も 1 日に 20〜30 回程度で，毎回の送信時間も非常に短時間であることなどから，日本アマチュア無線連盟でも実証実験を行って共存の可能性を検討している．海外での状況は，ヨーロッパでは 10 カ国以上の国で 433.050〜434.790 MHz が ISM バンドとして使用可能になっている．アメリカでは，FCC が条件付きながら 433.500〜434.500 MHz の RF タグへの開放を考えている．それに対してアマチュア無線連盟 ARRL (American Radio Relay League) は，2004 年 4 月 15 日のインターネット上でのニュースで 433 MHz 帯の RF タグについての見解を述べている (http://www.arrl.org/news/stories/2004/04/15/103/?nc＝1)．

表 2.4 に地域ごとの 433 MHz 帯の状況を示す．

### ●UHF 帯（900 MHz 帯）

日本では総務省が，2003 年 3 月に終了した KDDI の第 2 世代携帯電話 (TDMA 方式) サービスの周波数 950〜956 MHz を RF タグ専用周波数とする検討を始めた．この周波数帯を選んだのは，UHF 帯（900 MHz 帯）RF タグの国際的な相互運用性を配慮したためである．この動向を受けて国際標準規格の ISO 18000-6 も，2004 年 6 月にそれまで規定していた UHF 帯 RF タグで使用する周波数 860〜930 MHz を 860〜960 MHz に改定した．日本では，この RF タグの 953 MHz 帯のすぐ近接に携帯電話の周波数が存在することから，そこでの

---

[*2-2] 空中線電力と空中線利得を乗じた実効放射電力 eirp は，equivalent isotropic radiated power の略

表 2.5　UHF 帯 RF タグの日米欧の違い

| | 日本 | 米国 | 欧州 |
|---|---|---|---|
| 使用周波数 | 952〜954 MHz（案） | 915 MHz | 865〜868 MHz（案） |
| 使用帯域幅 | 2 MHz（案） | 26 MHz | 3 MHz |
| 特徴 | ・携帯電話の周波数と干渉しないよう配慮 | ・高速伝送が可能 | ・使用帯域幅は拡張を審議中（本文参照）． |

干渉問題の検討や十分な実証実験が必要であり，最終的には 952〜954 MHz が割り当てられる見通しである（2004 年 12 月時点）．RF タグ関連企業がアメリカと同じ周波数の 915 MHz 帯の割り当てを希望しているが，その周波数帯にはすでに携帯電話や MCA（Multi Channel Access）無線が割り当てられているので，日本での導入は難しいであろう．

アメリカでは，この ISM バンドとして 915 MHz±13 MHz が割り当てられているので，高速伝送も可能となる．しかし日本では，953 MHz±1 MHz の 2 MHz 幅しか使用できない．そこに，915 MHz と 953 MHz の両方で通信ができる UHF 帯 RF タグシステムが実用化されたとしても，アメリカでの RF タグはそのまま日本に持ち込むことができない可能性もある．

一方，現時点のヨーロッパの 868 MHz 帯は帯域幅がさらに狭く，868〜870 MHz の 2 MHz 幅しかない．この中で実際に使っているのは 869.4〜869.65 MHz であるが，新たに 865〜868 MHz の割り当てが審議されており，早ければ 2004 年中に周波数の拡張に関する審議結果が出る予定である．

総務省は平成 16 年度中に技術基準の審議と電波監理審議会への答申を行い，制度化を計画している．

● 2.45 GHz 帯

ほとんどの国で共通に使用できる ISM バンドであり，2.400〜2.4835 GHz が割り当てられている．この周波数はすでに無線 LAN，Bluetooth，アマチュア無線などが使用しており，今後も ZigBee が導入される可能性があるので，お互いのシステム間の干渉問題が懸念される．システムの共存が大きな課題となるで

あろう．

　国内においては 2.45 GHz を使用するユーザに対して，総務省は無線局免許の不要な特定小電力無線局の条件を緩和した．平成 14 年度に特定小電力無線設備において，平成 15 年度には構内無線局においてスペクトル拡散（周波数ホッピング）方式を使うことができるようになり，質問器の空中線電力を電力密度で規定することにより通信距離を延ばすことができるようになった．

　この周波数は人体内の水分子を共振させて発熱を起こす可能性があるので，使用する際には人体への影響に留意する必要がある．

● 5.8 GHz 帯

　ISM バンドの 5.725〜5.875 GHz で RF タグの利用が検討されていたが，2003 年 2 月のフロリダで行われた RF タグに関する会議の Committee Draft 投票で，RF タグに 5.8 GHz 帯を割り当てることは否決され，その後の審議が中止になった．それ以降，日本でもこの周波数に関する論議はされていない．

表 2.6　周波数ごとの分類

| 使用周波数 | 周波数 | 電源方式 | 通信距離 |
| --- | --- | --- | --- |
| 長波帯 | 10〜250 kHz | 電磁誘導方式 | 50 cm 程度 |
| 長波帯 | 400〜530 kHz | 電磁結合方式 | 15 cm 程度 |
| 短波帯 | 4.915 MHz | 電磁結合方式 | 数 mm 程度 |
| 短波帯 | 13.56 MHz | 電磁誘導方式 | 10 cm 程度 |
| UHF 帯 | 433 MHz 帯 | 主に電池搭載 | 数 m 程度 |
| UHF 帯 | 900 MHz 帯 | レクテナ方式<br>電池搭載型 | 数 m 程度<br>10 m 程度 |
| マイクロ波帯 | 2.45 GHz 帯 | レクテナ方式<br>電池搭載型 | 1 m 程度<br>数 m 程度 |
| マイクロ波帯 | 5.8 GHz 帯 | レクテナ方式<br>電池搭載型 | 数十 cm 程度<br>数 m 程度 |
| ミリ波帯 | 24 GHz 帯，58 GHz 帯 | 無電源方式 | 数十 cm 程度 |
| 光 | 近赤外線，可視光 | 電池搭載型 | 数 cm 程度 |

● ミリ波帯

　アメリカでは 24 GHz 帯や 58 GHz 帯といったミリ波を用いた RF タグが商品として発表されているが，日本では，ミリ波帯の RF タグに関しての論議はこれからのようである．ISM バンドとしては，24.000〜24.250 GHz が割り当てられている．アメリカの Inkode[*2-3] が開発したタグは，無線通信用の電子回路は用いず，「Taggent」と呼ばれる微細な特殊材料をランダムにカードや紙に埋め込んでいる．質問器からミリ波を照射すると，Taggent に反射した信号が固有の波形となり，その信号をディジタル化することで ID 番号を得るシステムである．

● 光タグ

　光タグの通信は，LED などの近赤外発光素子を用いて有視界での通信を行う．また，各家庭にある照明器具に光通信機能を付加し，可視光領域での室内に点在する光タグと通信するシステムの研究も行われている．照明器具には電力線が接続されているので，これを PLC として利用することによりインターネットと接続することも可能である．

## 2.3　電源供給方法による分類

　非接触 IC カードや RF タグは電子回路であるので，電源を供給しなければ動作しない．電池を搭載している非接触 IC カードや RF タグもあるが，工夫により電池を搭載しないで動作させる非接触 IC カードや RF タグもある．以下に，電源供給方法による分類をする．

### 2.3.1　電池搭載型

　非接触 IC カードや RF タグで電子回路の電源供給用に電池を搭載した場合，非接触 IC カードや RF タグが大きな形状になったり，ひんぱんに電池を交換しなければならないようでは使い勝手がよくない．そこで，電池搭載型の非接触

---

[*2-3] Inkode 日本事務所の連絡先は，e-mail で JAPAN@inkode.com 担当は平塚正基氏

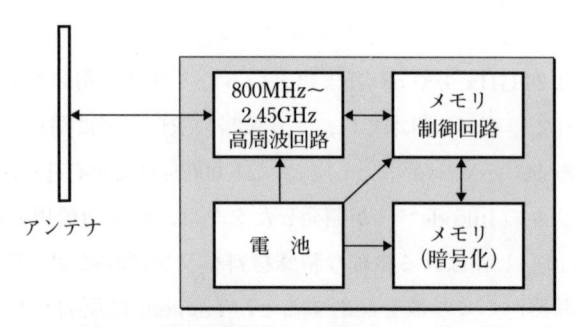

図 2.2　電池搭載型 RF タグのブロック図の例

IC カードや RF タグは，形状の小さな電池で長期間（数年間）動作するように，消費電力が低くなるような回路設計が行われている．電池を搭載することで電子回路に電源が安定して供給されるということは，非接触 IC カードや RF タグシステムの電子回路の動作も安定することを意味し，いろいろな機能の付加が可能となり，通信距離が長くなるメリットも出てくる．筆者らがテレミディックと共同開発した電池搭載型 RF タグ（反射型セミパッシブ RF タグと呼ばれる）のブロック図の例を図 2.2 に示す．

### 2.3.2　電磁誘導方式

電子回路を動作させるには電源が必ず必要である．電池を搭載していない非接触 IC カードや RF タグでも，必ず電源はどこかから供給されている．そのいくつかの方法を以下に示す．

●磁力線と電磁誘導

ここでは，主に長波帯（10〜250 kHz, 400〜530 kHz）や短波帯（4.915 MHz や 13.56 MHz）で用いられている，波長に対して通信距離が数 mm〜数十 cm と短くなる，長波や短波の非接触 IC カードについての電源供給方法を説明する．

この説明をする前に，ある物理現象の発見について紹介する．エルステッドは，電線に電流を流すと電線のまわりに磁気が発生し，その近くに置いた磁石が

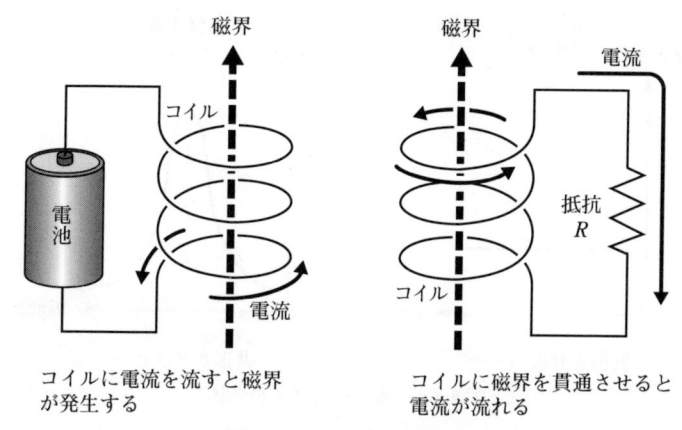

**図 2.3** 自己誘導と電磁誘導

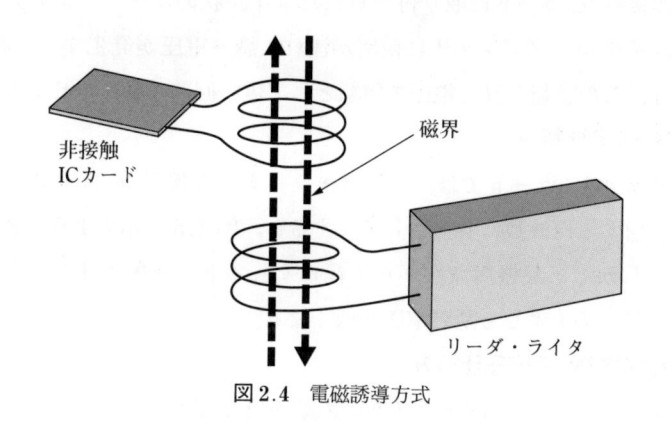

コイルに電流を流すと磁界が発生する

コイルに磁界を貫通させると電流が流れる

**図 2.4** 電磁誘導方式

動く磁気作用を発見した．またファラデーは，コイル状に巻いた電線の中に磁石を出し入れすると，そのコイルに電流が流れる電磁誘導を発見した．図 2.3 にこの自己誘導と電磁誘導の概略を示す．

### ●電源を供給する仕組み

非接触 IC カードでは図 2.4 に示すように，リーダ・ライタから非接触 IC カードへの電力伝送にこの作用をうまく利用している．リーダ・ライタにとりつけられたコイル状のループアンテナに電流を流すと，そこには磁界が発生する．そ

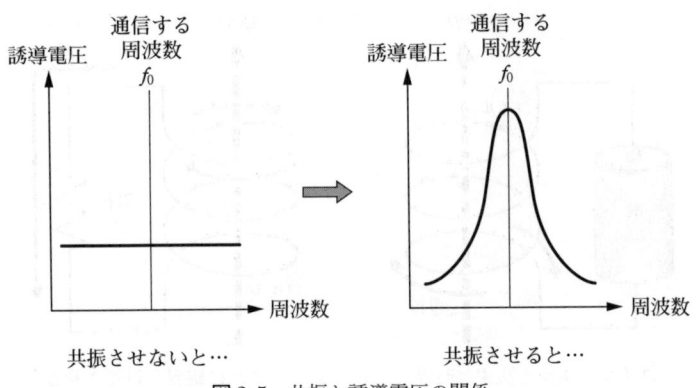

図 2.5　共振と誘導電圧の関係

の磁界が非接触 IC カードに取り付けられたコイル状のループアンテナの中を貫通すると，そのループアンテナに電流が流れ，誘導電圧が発生する．非接触 IC カードでは，この誘起された電圧を電源として電子回路を動作させている．

●電圧を高くする仕組み

実際の非接触 IC カードでは，リーダ・ライタと非接触 IC カードのループアンテナを通信する周波数に共振させる．すると，図 2.5 に示すように誘導電圧が高くなる．しかし，共振周波数から大幅にずれると，共振させていない（非同調）ループアンテナよりも誘導電圧が低くなる．

●電子回路を発熱から守る仕組み

非接触 IC カードとリーダ・ライタの距離が近くなると，その誘導電圧も高くなる．このときに電子回路を発熱させたり破壊させたりしないように，電源にバイパス抵抗というものを設ける．誘導電圧の上昇に反比例してバイパス抵抗の抵抗値が減るように工夫されており，この抵抗がループアンテナの共振特性を鈍化させる（アンテナの共振特性すなわち $Q$ を下げる）働きをする．

●複数枚重ねて使うために

非接触 IC カードは，複数枚重ねて使うこともありうる．この場合のループアンテナの共振周波数は，単体で用いるときに比べて低い方へシフトする傾向が見られる．非接触 IC カードには，このことを考慮してアンテナの共振周波数をあ

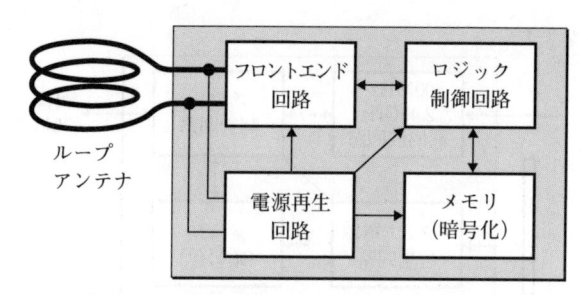

図 2.6 非接触 IC カードのブロック図の一例

らかじめ高めに設定したり，または共振させずに非同調ループアンテナとしているものもある．

●**非接触ICカードの全体の動作の流れ**

非接触 IC カードのコイルのループアンテナは，図 2.6 に示すように，リーダ・ライタのループアンテナと磁気的に結合して情報や電力を受け取る．フロントエンド回路では，まず搬送波（例えば 13.56 MHz）を分周してロジック制御回路を動かすときのクロックを再生し，ロジック制御回路へ出力する．電源再生回路は，搬送波のエネルギーから非接触 IC カード内の回路が動作するための電源を再生する回路である．

電源とクロックがロジック制御回路に供給され，ロジック回路が活性化すると，あとはリーダ・ライタから送られるコマンドによって制御されながら，伝送プロトコルに従って情報のやり取り（通信）を行う．

## 2.3.3　レクテナ方式

●**レクテナで通信距離を長くする**

ここでは，通信距離が数十 cm〜数 m で用いられる UHF 帯やマイクロ波帯 RF タグの場合について説明する．

図 2.7 に，筆者らがテレミディックと共同開発した電池不要な UHF 帯/マイクロ波帯 RF タグ（反射型パッシブ RF タグと呼ばれる）のブロック図の一例を示す．

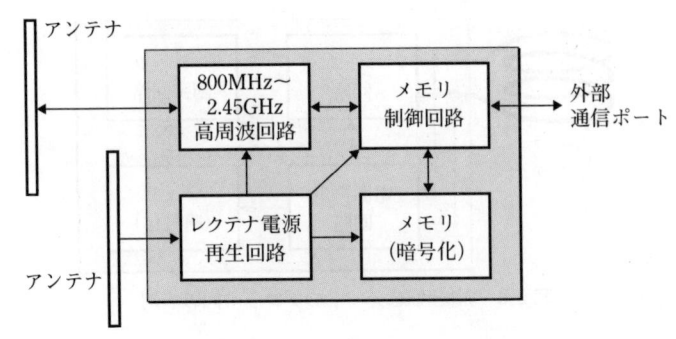

図 2.7 レクテナを利用した反射型パッシブ RF タグのブロック図

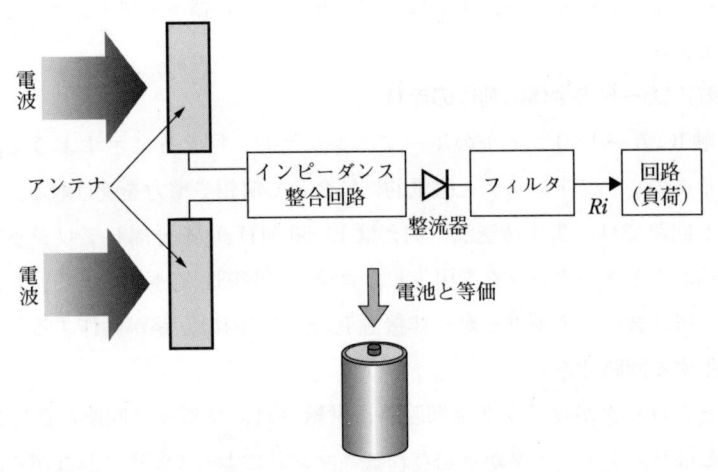

図 2.8 レクテナのブロック図

953 MHz 帯や 2.45 GHz 帯では，波長に比べて長い通信距離（数十 cm〜数 m）が求められるので，電磁誘導方式では RF タグに十分な電力を伝送することが難しい．そのため，質問器から送出される電波（搬送波）により RF タグに電力を伝送した後で，RF タグ内で直流電源を再生する仕組みが必要となる．この電源再生を行う回路を**レクテナ**（Rectenna）と呼ぶ．これは，「**アンテナ**（Antenna）」と「**整流回路**（交流から直流を作る回路，Rectifier）」からの合成語である．

RF タグ無線通信においては，レクテナの出力直流電圧値が RF タグ内部の回

路が動作できる電源電圧まで達しないとRFタグ自体が動作できないため，通信は確立できない．

### ●インピーダンス整合の難しさ

レクテナのブロック図を図2.8に示す．レクテナの設計では，本来入力される電波とそこから再生される直流電源への変換効率を高めるために，高周波側と直流側（電子回路側）の双方のインピーダンス整合が必要となる．しかし，RFタグの場合は高周波側のインピーダンスが電力レベルで変化するなど複雑な要素があるので，インピーダンス整合の最適化はかなり難しい．第3章でその設計方法を述べる．

## 2.4　通信距離による分類

非接触ICカードは，その通信距離により以下の4種類に分類される．それぞれの概要を解説する．

### 2.4.1　密接型

#### ●密接型ICカードとは

4.915 MHzを用いた通信距離2 mm程度の非接触ICカードのことを密接型ICカード（ISO規格ではISO/IEC 10536）という．非接触ICカードの標準化の検討が始められたときに，すでに非接触ICカード関連企業ではこの密接型ICカードの開発が始まっていた．密接型ICカードからリーダへは，副搬送波307.2 kHzを用いてのBPSK変調で，伝送速度9.6 kbpsの通信が主流となっている．密接型ICカードには接続端子がないので，汚れや静電気などに強く，電子乗車券や物流タグなどでの利用が期待されている．写真2.1に密接型ICカードの事例を示す．

#### ●難航した規格標準化

この方式は，主にヨーロッパの国々が提案する図2.9に示すコイルによる誘導結合方式（電磁結合，インダクタ結合ともいう）と，アメリカが提案する図

(出典：株式会社日立製作所 Web ページより)

**写真 2.1** 密接型 IC カードの事例

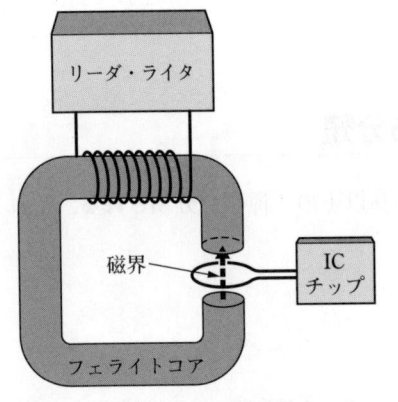

**図 2.9** 誘導結合方式（電磁結合，インダクタ結合）

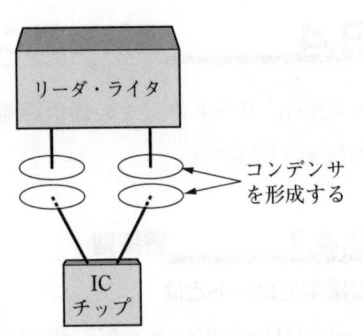

**図 2.10** 静電結合方式（キャパシタ結合）

2.10 に示すキャパシタ電極による静電結合方式（キャパシタ結合）という二つの異なった方式があった．その標準化は難航し，結果的に IC カード側の方式の統一はなされず，「リーダが双方の方式の密接型 IC カードとも通信できなければならない」という妥協案で落ち着いた．

## 2.4.2 近接型

### ●近接型ICカードとは

リーダ・ライタと IC カード間の通信距離が 10 cm 程度までのもので，主に 13.56 MHz を用いた非接触 IC カードのことを近接型 IC カード（ISO 規格では

ISO/IEC 14443）という．

● タイプAとタイプB

　変調方式や符号化方式が異なるいくつかの提案がなされているが，一つの方式に標準化できず，現在は表2.7に示すタイプAと，表2.8に示すタイプBが世界的に使われている．アジアやヨーロッパではタイプAが普及しているが，日本国内ではタイプBの需要が高い．日本国内での実用化の例として，タイプAにはテレフォンカード，タイプBには住民基本台帳カードがある．

表2.7　タイプA

| | |
|---|---|
| リーダ・ライタから応答器への変調方式 | ICカードはASK（100%）変調 |
| リーダ・ライタから応答器への符号化方式 | 変形ミラー符号化方式 |
| 応答器からリーダ・ライタへの変調方式 | 副搬送波847 kHzのOnとOffの変調 |
| 応答器からリーダ・ライタへの符号化方式 | マンチェスタ符号化方式で，Philipsが開発したMIFARER仕様が多く使われている |
| マイクロプロセッサ | 搭載しない．メモリ容量も小さい |
| 価格 | 安価 |
| プロトコル | 高速処理向きでない |
| 通信速度 | 106 kbps（あまり早いとはいえない） |

表2.8　タイプB

| | |
|---|---|
| リーダ・ライタから応答器への変調方式 | ICカードはASK（8～14%）変調 |
| リーダ・ライタから応答器への符号化方式 | NRZ-L符号化方式 |
| 応答器からリーダ・ライタへの変調方式 | 副搬送波847 kHzのBPSK変調 |
| 応答器からリーダ・ライタへの符号化方式 | NRZ符号化方式 |
| マイクロプロセッサ | 搭載する．メモリ容量も大きい |
| 価格 | 比較的高い |
| 通信速度 | 106/212 kbps（高速化が可能だが，プロトコルは高速処理向きではない） |

表2.9　タイプC

| リーダ・ライタ間双方向の変調方式 | ASK（10%）変調 |
|---|---|
| リーダ・ライタ間双方向符号化方式 | マンチェスタ符号化方式 |
| 通信速度 | 212 kbps |

● タイプC

　非接触ICカードとして有名なものに，JR東日本で使われている「Suica」がある．これは，国際標準規格を検討するときに，日本から表2.9に示すタイプCとして提案されたものである．他国からもタイプD〜タイプGまで提案されたが，「複数の方式は標準化に逆行する」ということで，タイプAとタイプBのみが国際標準規格になったという経緯がある．

● 近接型のメリット

　10 cm程度という近接型ICカードの通信距離は，個人情報をやりとりする上で適度な通信距離といえる．他人に自分の情報を盗まれにくい距離であるということと，自分の情報を読み取らせるためにリーダ・ライタに近接型ICカードを近づけるという行為は，自分の情報を提示するという意思表示になるからである．また，人が身につけて使用する近接型ICカードに13.56 MHzを使用する方式を選んだことは，良い判断といえる．人体中にある水分子を共振させ発熱を起こす可能性のあるUHF帯（900 MHz帯）やマイクロ波帯（2.45 GHz帯）のRFタグに比べて，13.56 MHzは人体への影響が少ないからである．

　また近接型ICカードには，例えば1台のリーダ・ライタが財布に入った複数のカードの中から目的の近接型ICカードだけを読めるような工夫（衝突防止対策）がなされている．実用例として，プリペイド型電子マネーEdyがある．レストラン，売店，自動販売機などでの決済に利用されている．

### 2.4.3　近傍型

● 近傍型ICカードとは

　リーダ・ライタと非接触ICカード間の通信距離が70 cm程度（データ読み取

り時)までの，長波帯や13.56 MHzを使用する非接触ICカードのことを近傍型ICカード（ISO規格ではISO/IEC 15693）という．社員が首から下げた近傍型ICカードを出入口のところに設置した大きなループアンテナで読みとり，社員の入退室管理をするなどの用途に用いられている．

長い通信距離を得るために，リーダのアンテナは大型（50 cm～1 m程度）のものが多く，ICカード内部の電子回路は消費電力を低減するためにシンプルなものが多い．近傍型ICカードの事例として，電波式万引防止システムがある．これは，清算が終わっていない商品を持ったままゲートを通過すると，アラームで警告するシステムである．

### 2.4.4　遠隔型

#### ●遠隔型RFタグとは

リーダ・ライタとICカード間の通信距離が数m程度までの長距離通信を可能にした遠隔型RFタグは，**遠隔型ICカード**，**マイクロ波型ICカード**，**電波タグ**などと呼ばれている．2.45 GHz帯のRFタグで標準化が優先的に進められているが，より長い通信距離を目指したUHF帯RFタグ（各国によって周波数が異なるが，一般に900 MHz帯RFタグと呼ばれているもの）も，日本では953 MHz帯として現在検討が進められている．

遠隔型RFタグには，電池を搭載せずにリーダ・ライタからの電波を反射し情報を伝送する**反射型パッシブRFタグ**や，これに電池を搭載して通信距離を数倍延長できる**反射型セミパッシブRFタグ**，電池を搭載しRFタグ自ら電波を送出して情報を送り出す**アクティブ型RFタグ**の3種類がある．写真2.2に遠隔型RFタグの事例を示す．

#### ●微細RFID

RFタグ用のICチップ上にループアンテナを実装して，リーダ・ライタにもループアンテナを用い，電磁誘導的に通信させている微細RFIDも発表されている．しかし，この微細RFIDの通信距離は1～2 mm程度であり，リーダ・ライタのアンテナと微細RFIDの位置関係がかなりクリチカルに通信の安定性に

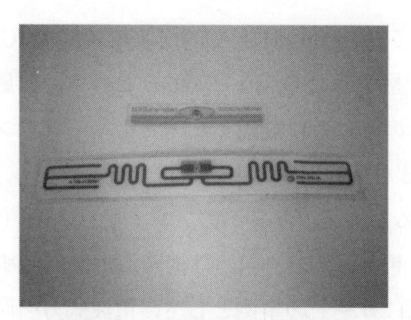

**写真 2.2** 遠隔型 RF タグの事例

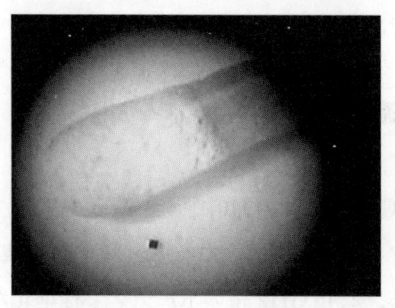

**写真 2.3** 筆者らがテレミディックと共同開発した微細 RFID

影響してくるので，使いこなすにはコツや工夫が必要である．市場が期待しているためかもしれないが，微細 RFID でも長距離かつ安定した通信ができるような印象を与える誤った記事をたまに見かける．超小型の微細 RFID に過大な期待をかけてしまうと，システムが実現できずに終わってしまうので注意が必要である．写真 2.3 に，筆者らがテレミディックと共同開発した微細 RFID の一例を示す．

# 第3章

# 非接触ICカードとRFタグの技術

## 3.1　変調とは

　非接触ICカードやRFタグシステムでは，質問器と応答器（非接触ICカードやRFタグ）間の情報の伝達は電波を媒体とした無線通信で行われる．この電波（搬送波）という媒体に情報をのせることを**変調**といい，その変調波から情報を抽出することを**復調**という．

●アナログ変調とディジタル変調

　非接触ICカードやRFタグシステムで扱う情報は"0"と"1"で表現される2値の情報で，これをディジタル情報という．一方，音声などのように2値ではなくいろいろな値を有する情報をアナログ情報という．情報を伝送すると，その変調信号は伝送路で雑音などの影響を受けて，信号の劣化が起こる．近年では，アナログ変調信号に比べて，伝送途中で信号の品質が劣化しても復調するときに元の信号品質まで再生できるという点で秀れているディジタル変調による無線伝送が増えてきている．

●ディジタル変調方式

　一般に電波は，式(3.1)に示す波動方程式で表される．

$$x(t) = a(t)\cos(\omega_c t + \phi) \tag{3.1}$$

ここで，

$\begin{cases} a(t)：振幅 \\ \omega_c：角周波数 \\ \phi：位相 \end{cases}$

を表す．電波に情報をのせるには，この $a(t)$，$\omega_c$ または $\phi$ のいずれかを変化させることによって変調をかけることで実現する．

アナログ変調方式では，$a(t)$ に変調をかけることを振幅変調（Amplitude Modulation：AM），$\omega_c$ に変調をかけることを周波数変調（Frequency Modulation：FM），$\phi$ に変調をかけることを位相変調（Phase Modulation：PM）という．一方，ディジタル変調方式では，$a(t)$ に変調をかけることを ASK（Amplitude Shift Keying），$\omega_c$ に変調をかけることを FSK（Frequency Shift Keying），$\phi$ に変調をかけることを PSK（Phase Shift Keying）という．これらを表 3.1 にまとめる．

非接触 IC カードや RF タグシステムで用いられるディジタル変調の利点は，回線がある一定以上の品質が保てれば情報の劣化がないこと，誤り訂正や情報の圧縮，多重化，暗号化など，情報自体の信号処理が可能なことなどである．以下にディジタル変調方式について説明する．

### (1) ASK

図 3.1 に ASK の概念を示す．搬送波を送ったり，送らなかったりすることで

表 3.1 変調方式

|  | アナログ変調方式 | ディジタル変調方式 |
|---|---|---|
| 振幅変調 | AM<br>Amplitude Modulation | ASK<br>Amplitude Shift Keying |
| 周波数変調 | FM<br>Frequency Modulation | FSK<br>Frequency Shift Keying |
| 位相変調 | PM<br>Phase Modulation | PSK<br>Phase Shift Keying |

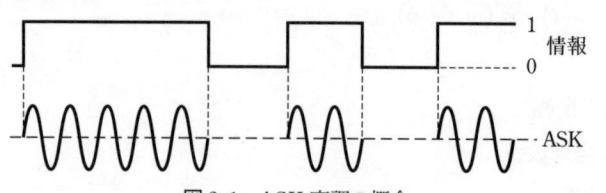

図 3.1 ASK 変調の概念

情報の伝送を行う，きわめてシンプルな変調方式である．

## (2) FSK

図3.2にFSKの概念を示す．FSKは周波数の異なる搬送波を情報の2値によって切り替えて情報を伝送する．この2値が識別できる最小の周波数差の場合を，FSKの中でも特にMSK（Minimum Shift Keying）という．ここで，隣接する通信へ妨害を与えないように通信に必要な帯域外の電力を抑えるため，ガウス分布関数のスペクトルにフィルタで波形整形した符号列で変調するものをGMSK（Gaußian Filtered Minimum Shift Keying）という．

## (3) PSK

図3.3にPSKの概念を示す．位相の異なる同じ周波数の搬送波を情報の2値によって切り替えたものである．PSKでは位相で情報を表現しているため，どちらの位相が"0"または"1"に相当しているのかそのままではわからない．そこで，送信側と受信側で通信のルールを取り決めたり，図3.4に示すように変調方式に工夫をこらしたDPSK（Differential Bi-Phase Shift Keying）が考案されている．これは，従来のBPSKが情報の"0"と"1"を，例えば位相の0°と180°に割り当てているのに対し，DPSKでは情報が"0"のときは位相を変化さ

図3.2　FSK変調の概念

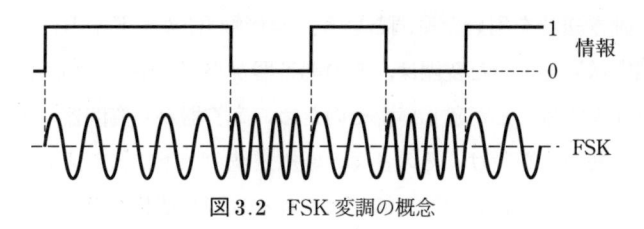

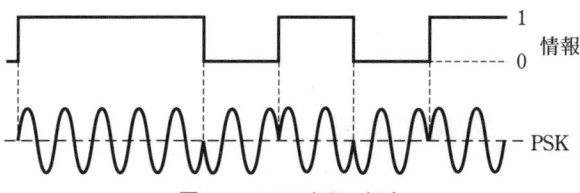

図3.3　PSK変調の概念

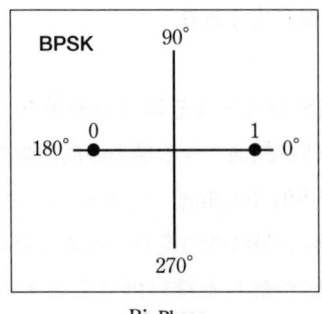

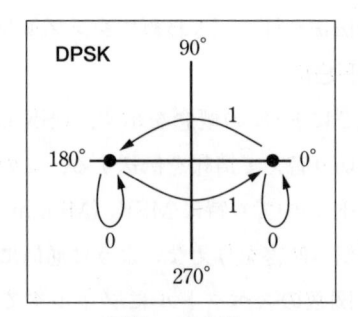

図 3.4　BPSK と DPSK

せず，情報が"1"のときに位相を変化させるとしている．

●副搬送波を用いた変調

　非接触 IC カードや RF タグシステムでは，質問器から応答器への搬送波（電波）と応答器から質問器への搬送波が，同時に同じ空間を行き交う．このとき，応答器から質問器への搬送波が質問器から応答器への強力な搬送波の影響を受けることを避けたるために，周波数を少しずらした場所に新たな搬送波（副搬送波やサブキャリアという）を作り，そこに変調をかけて情報を伝送する．このような変調を，副搬送波を用いた変調という．非接触 IC カードや RF タグシステムにおける副搬送波を用いた変調は，その応答器が小型であるため，回路に急峻なフィルタを挿入することが難しい．そのため，応答器から質問器への搬送波の上下に二つの副搬送波を設け，その各々の副搬送波の上下に情報成分をのせるスペクトラムを形成する．この四つの情報はそれぞれ同じ情報を有しているので，質問器は最低でもどれか一つの情報を復調すれば応答器からの情報を得ることができる．

## 3.2　多重化技術

　通信では，同一空間でいくつかの無線システムが同時に稼働していることがあ

図3.5 副搬送波変調の概要

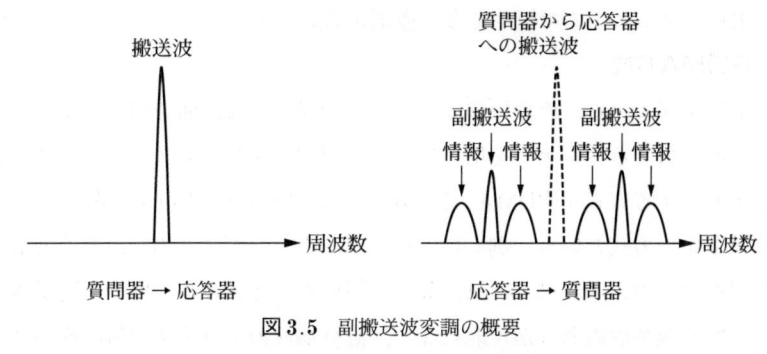

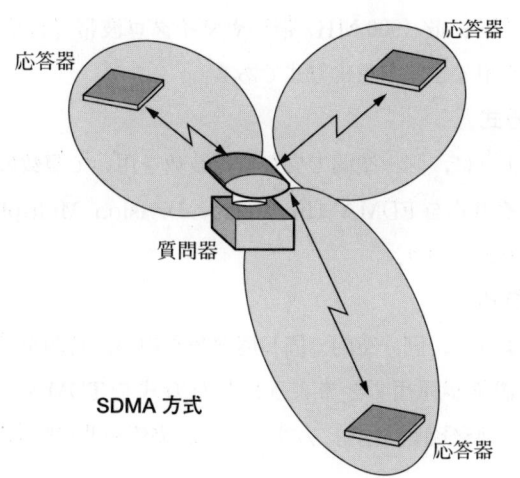

図3.6 空間分割多重化（SDMA）方式

る．また同一システムでも，その空間に複数の無線設備が同時に動作することもある．そこで，これらのシステムや無線装置が共存しながら電波を効率よく同一空間で利用するために，多重化という技術が使われる．

## (1) SDMA方式

図3.6に示すように，アンテナの指向性を積極的に活用して同じ周波数で空間的に無線通信の空間を分割し，複数の無線設備が運用できるようにした方式をSDMA（Space Division Multiple Access：空間分割多重化）方式という．アンテナで指向性を絞り込めるUHF帯（900 MHz帯）やマイクロ波帯（2.45 GHz

帯）の RF タグシステムで採用できる多重化方式である．

## (2) PDMA方式

図 3.7 に示すように，直線偏波のアンテナの異なる偏波面を用いたり，円偏波の旋回方向の異なるアンテナを用いて，同一空間で複数のシステムや無線装置の共存を可能にする方式を PDMA（Polarization Division Multiple Access：偏波面分割多重化）方式という．例えば，直線偏波のアンテナを用い，ある通信ペアは水平偏波で，別の通信ペアは垂直編波を用いることにより，同一空間で複数のシステムや無線装置の共存が可能になる．直線偏波のアンテナで偏波面を区分けして使用できる UHF 帯（900 MHz 帯）やマイクロ波帯（2.45 GHz 帯）の RF タグシステムで実用できる多重化方式である．

## (4) FDMA方式

図 3.8 に示すように，同一空間で異なる周波数を用いて複数の無線設備が運用できるようにする方式を FDMA（Frequency Division Multiple Access：周波数分割多重化）方式という．

## (5) TDMA方式

図 3.9 に示すように，同一空間で同じ周波数を用い，時間を分割することによって複数の無線設備が運用できるようにした方式を TDMA（Time Division Multiple Access：時分割多重化）方式という．実際の非接触 IC カードや RF タ

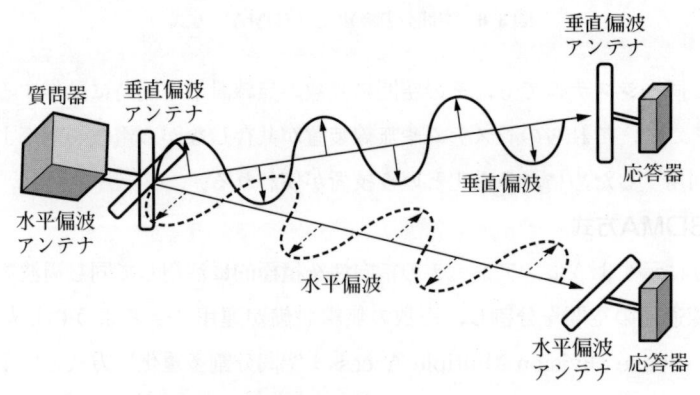

図 3.7　偏波面分割多重化（PDMA）方式

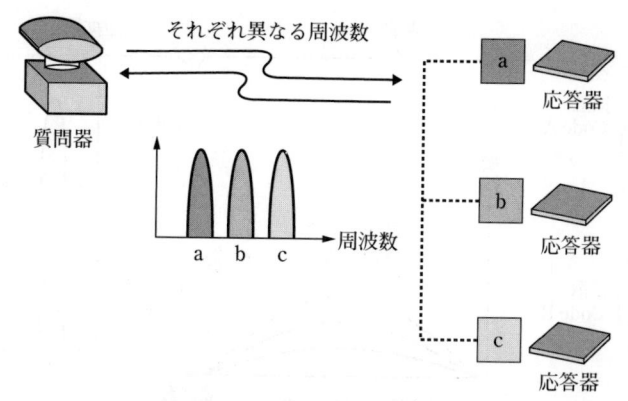

図3.8 周波数分割多重化（FDMA）方式

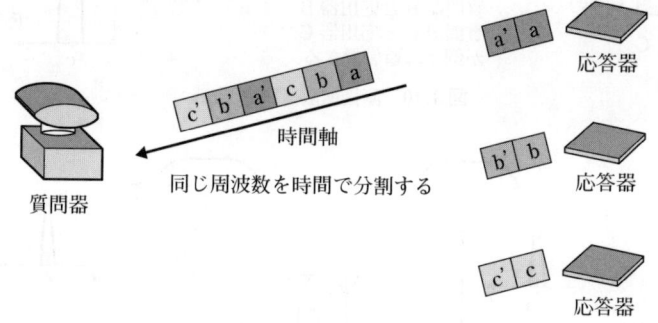

図3.9 時分割多重化（TDMA）方式

グシステムでも，この方式が使われているものがある．

### (6) CDMA方式

　同一空間において，符号によるスペクトルの拡散により複数の無線設備が運用できるようにした方式をCDMA（Code Division Multiple Access：符号分割多重化）方式という．この多重化方式は，スペクトル拡散通信技術が基盤となっている．以下に，スペクトル拡散通信技術の代表的な直接拡散方式と周波数ホッピング方式について説明する．

### ●直接拡散方式

　図3.10に示す直接拡散（Direct Sequence：DS）方式は，拡散符号（PN符

図3.10 直接拡散（DS）方式

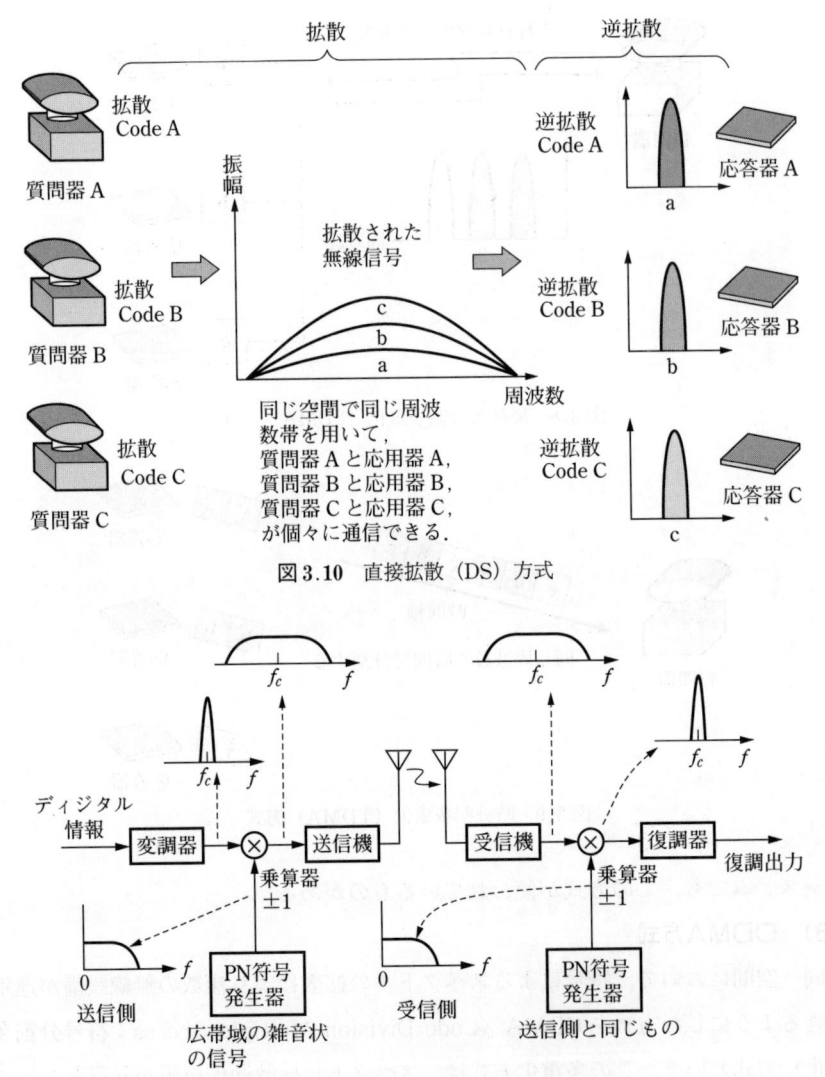

図3.11 直接拡散（DS）方式装置の構成例

号などが用いられる）によりスペクトルを広げる方式である．直接拡散方式の装置の構成例を図3.11に示す．送受信双方のPN（Pseudorandom Noise）系列符号発生器と乗算器を取り除くと，従来から用いられている狭帯域通信機器と同

じものである．PN系列符号発生器は，人工的に広帯域のスペクトルを有する雑音状の信号を発生させる回路であり，人工的な雑音といってもアナログ的な雑音ではなく，2値（+1と-1）のディジタル信号を乱数的に発生したものである．送信側では，PN符号などの広い帯域を有する符号をこの狭帯域通信に乗算（拡散）することにより，広い帯域を有する信号に変換して送信機から送出する．受信機では，送信側で乗算したPN符号と同じPN符号で同期を取りながら乗算（逆拡散）することにより，送信側から送られた拡散前の狭帯域の通信を再現し，復調器で情報の再生を行うことができる．

## ●周波数ホッピング方式

図3.12に示す周波数ホッピング（Frequency Hopping: FH）方式とは，同じ通信空間において，FDMA方式と同じように異なる周波数を用いて複数の無線設備を共存させ，その通信している周波数が時間とともに変化（ホッピング）する方式をいう．時間を止めてみれば，その瞬間ではFDMA方式と同じ方式で

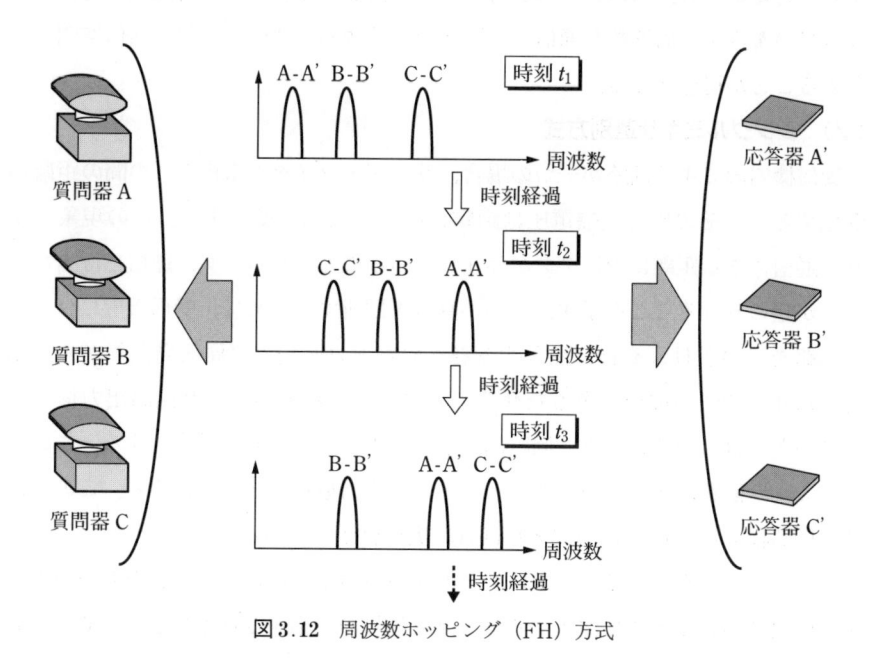

**図3.12** 周波数ホッピング（FH）方式

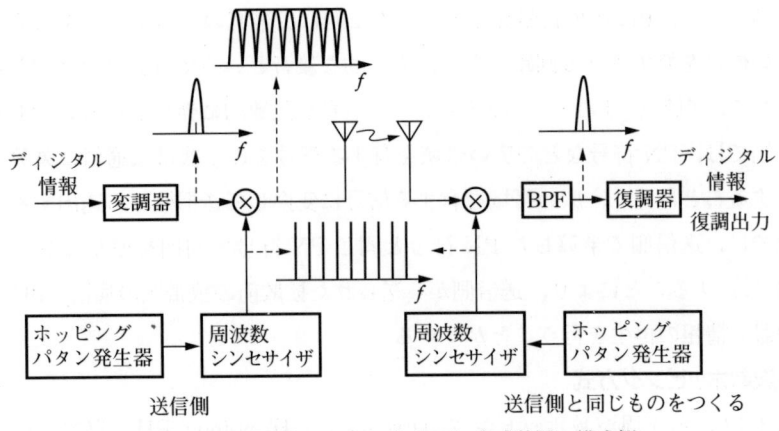

図3.13 周波数ホッピング（FH）方式装置の構成例

あるように見える．周波数ホッピング方式の装置の構成例を図3.13に示す．通信を確立するには，送信側と受信側で同期のとれた同じホッピングパタン発生器をもつ必要がある．通信している時刻の経過にともない，同じ周波数で通信を行うペアの搬送波の周波数が通信ペア同士では乱数的に変化し，同一通信空間を共有することが可能となる．

### (7) シングルミキサ選別方式

受信機内のミキサ回路が一つの場合，リーダ・ライタとRFタグの間の距離が変化すると，その出力振幅電圧は距離に応じて大幅に変化する．この現象により，通信できる距離にRFタグが存在しているにもかかわらず，通信を行えないことが起こりうることを示す．この不具合を回避するために，受信機内にはミキサ回路を二つ設け，それに注入する各々のローカル信号（局部発振器からの出力）に0°と90°の位相差をもたせることにより，片方のミキサ回路出力信号が小さいときは，他方のミキサ回路出力信号が大きくなる回路構成とする．この二つのミキサ回路出力を合成することにより，出力振幅電圧は安定する．この受信機の回路構成はI/Q受信方式と呼ばれ，実用化されている．

ここで，リーダ・ライタとRFタグの間の距離を固定し，受信機内の一つのミキサ回路を用いてそこに注入するローカル信号の位相を変化させると，あたかも

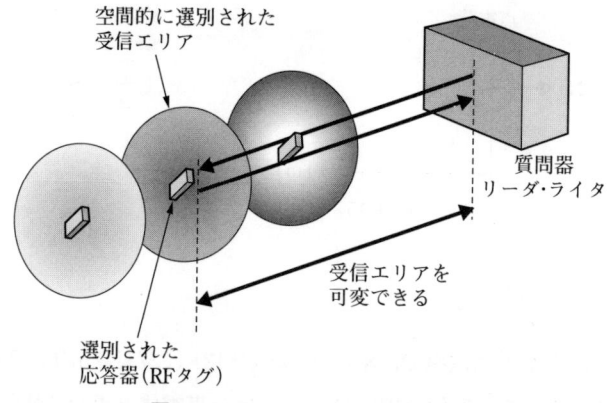

図 3.14 シングルミキサ選別方式

リーダ・ライタと RF タグの間の距離が変化しているかのように出力振幅電圧が変化する．この特性を利用すると，空間に点在する RF タグをリーダ・ライタとの距離により RF タグを選別することが可能になる．この多重化の方式（特許出願中）を図 3.14 に示す．

## 3.3 静電誘導，電磁誘導，磁束密度

ここで，電磁気学の基礎である静電誘導と電磁誘導を整理し，磁界による通信技術について述べる．

### ●静電誘導

導体に帯電体を近づけると，導体の内部の電荷が力を受ける．摩擦で発生した静電気は，同じ極性の電荷の間には反発力が働き，異なる極性の電荷の間には引力が働く．この反発／吸引する力をクーロン力（静電気力または単に電気力）という．このクーロン力の大きさは，帯電体のもつ電荷の大きさで決まる．図 3.15 に示すように，二つの電荷 $Q_1$ と $Q_2$ をもつ点電荷を距離 $r$ [m] で配置したとき，この力は式(3.2)に示す式で計算できる．同じ極性の電荷の間では反発力（斥力），異なる極性の電荷の間では引力として働く．

図 3.15 ローレンツ力

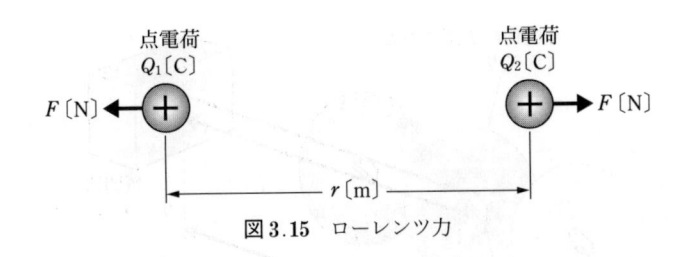

$$F = \frac{1}{4\pi\varepsilon_0} \frac{|Q_1 Q_2|}{r^2} \text{[N]} \tag{3.2}$$

ここで，$\varepsilon_0$ は真空の誘電率で，$8.85\times\exp(-12)$〔$C^2/(N/m^2)$〕である．

近づけた帯電体に近い導体の端には，近づけた帯電体と異なる極性の電荷が帯電体に引き寄せられて集まる．このとき導体に生じる電荷は，導体内部に存在している「＋」と「－」の同数の電荷が分極したものであり，摩擦により外部から与えられた電荷ではない．したがって，近づけた帯電体を遠ざけると分極した「＋」と「－」の電荷が引き合い，再度，電気的に中性な導体に戻ることになる．帯電体の影響で導体の電子の移動が発生し，「＋」と「－」の電荷が分極して現れる現象を静電誘導という．静電誘導を起こした物質と帯電した物質は，静電気によってそれら物質同士自体も引き寄せられる．

● 電磁誘導

電界とは，電子のような荷電粒子に対して力を及ぼす空間（場）のことである．磁界とは，運動している荷電粒子に力を及ぼす場のことである．図 3.16 に示すように，荷電粒子は周りの空間に電界を発生し，速度 $v$〔m/s〕で運動する荷電粒子は周囲の空間に磁界を発生する．一方，電流は荷電粒子（電子）の流れであると考えられるので，磁界が電流に力を及ぼすことになる．

図中の電気力線とは，ある電荷が他の電荷との間に働く引力や斥力の様子を表現するために，電荷を中心に放射状に描く方法が考え出されたもので，電界の場の様子を表現する架空の線である．電界は，電気力線を出す正の電荷と，電気力線を吸い込む負の電荷が作る電気力線の分布で表される．

磁力線とは，磁石の「Ｎ極」と「Ｓ極」をそれぞれ電気の「＋」と「－」に

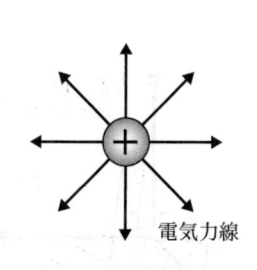

+Q〔C〕の電荷周辺には電気力線が出て周りの空間に電界を作る

+Q〔C〕の電荷の移動(電流)は周囲の空間に磁界を作る

図3.16　電界と磁界の発生

見立て，N極からS極に向かう架空の線である．

電気力線と磁力線はよく似た性質をもっているが，異なる点は，電気力線はある電荷（＋電荷）から飛び出て別の電荷（－電荷）に吸い込まれるが，磁力線はある磁石のN極から飛び出た場合，必ずその磁石自体のS極に吸い込まれる．また，電気力線は＋の電荷をスタート地点とし，－電荷をゴール地点とするが，磁力線ではスタート地点やゴール地点の区別のないループ状で存在する．

電流と磁界は，電流が磁界を作り，磁界の変化もまた電流を発生させるという関係にある．これらのことは，1820年にエルステッド（Hans Christian Oersted）が電流による磁力を発見しており，このエルステッドの発見をもとに，1831年にファラデー（Michael Faraday）は，磁石とコイルの相対運動によって電流が流れることを実証した．図3.17に示すように，磁束が周期的に変化する高周波電流によっても離れたところに磁界が同様に発生し，その中にコイルを置くと端子に電圧が誘起され電流が流れる．この現象を電磁誘導という．

磁界の中で導体が動くと導体に電流が流れ，逆に電流が流れると磁界が発生する．起電力が発生するこの電磁誘導現象における磁界・導体の運動・起電力の向きは，図3.18に示す**フレミングの右手の法則**として知られている．

● **磁束密度**

1820年にコレージュ・ド・フランスの物理学教授に任命されたアンペール（Andre Marie Ampere）は，同年デンマーク・コペンハーゲン大学の物理学教

**図 3.17** 電磁誘導

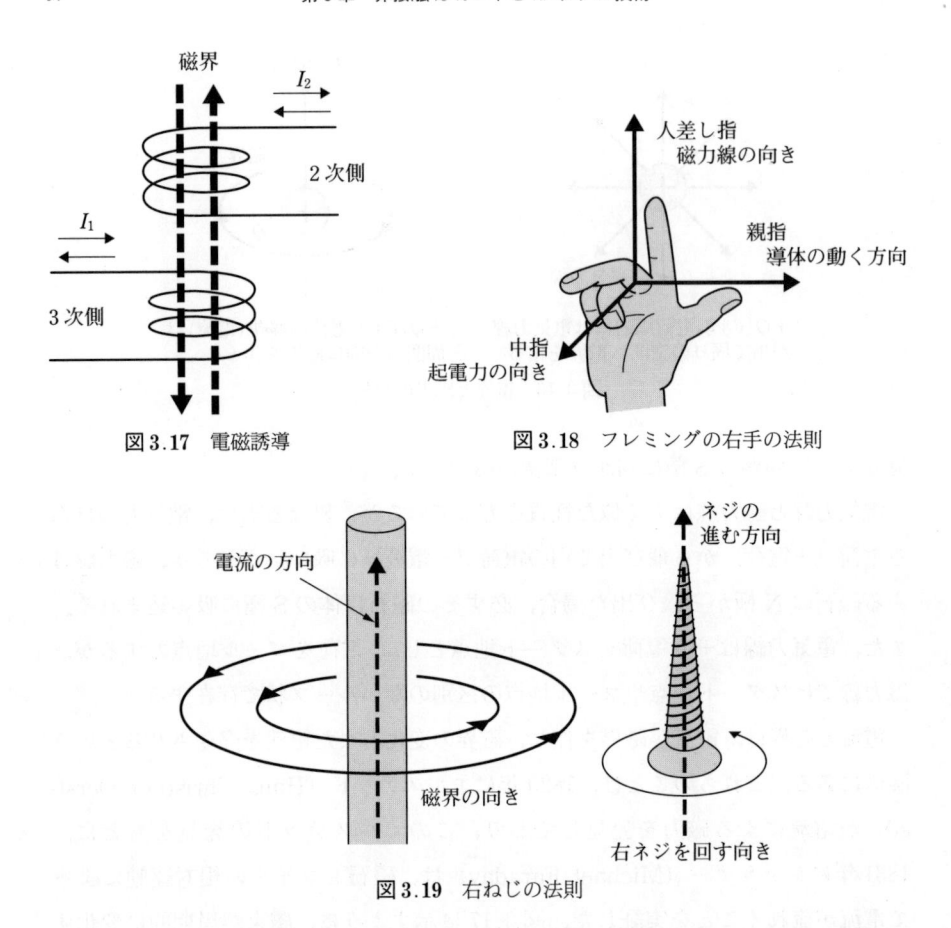

**図 3.18** フレミングの右手の法則

**図 3.19** 右ねじの法則

授のエルステッドによる電流の磁気作用についての論文に刺激を受け，その追試験を始め，図 3.19 に示すように電流と磁界の向きとの関係を明らかにした**右ねじの法則**を発表した．これは，十分に長い直線状の導線に電流を流すと，電流を中心とする同心円状の磁界が発生し，その磁界の向きは，電流の方向に右ネジを進めたときの右ネジを回す向きと同じになるというものである．この後もさらに実験を続け，図 3.20 に示すように，平行に並べた 2 本の導線の各々に流す電流の向きを変えることによって，発生する磁界の吸引力と反発力により電線が動くことを発見した．これらの電流の相互作用を体系づけ，数式化した**アンペールの**

**法則**を発表している．その力は，導線に流す電流の強さに比例するが，この比例係数を磁束密度という．

電流 $I_a$ により距離 $d$ に発生する磁束密度 $B$ は，真空中の透磁率を $\mu_0$ とすると，

$$B = \frac{\mu_0}{2\pi} \frac{I_a}{d} \tag{3.3}$$

で与えられる．磁場 $B$ によって長さ $L$ の導線に流れる電流 $I_b$ に働く力 $F$ は，

$$F = B I_b L = \frac{\mu_0}{2\pi} \frac{I_a I_b L}{d} \tag{3.4}$$

となる．ここで，$I_a$ と $I_b$ の電流の向きが同じであれば引力，反対であれば反発力となる．

一方，電流が磁界を発生することを聞きつけたビオ（Jean Bapiate Biot）とサバール（Felix Savart）は，1820年に直線の導線に電流を流し，導線から $r$ の距離にできる円にそった磁界の強さ $H$ を，その周りに置いた小さな磁石で測定した．その結果，図 3.21 に示すように，電流 $I$ が流れるときに周囲にできる磁束密度 $B$ は電流 $I$ に比例し，導線からの距離 $r$ に反比例するという**ビオ・サバールの法則**を発見した．

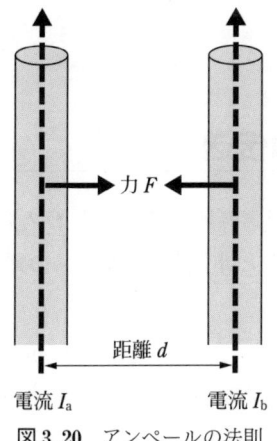

図 3.20　アンペールの法則

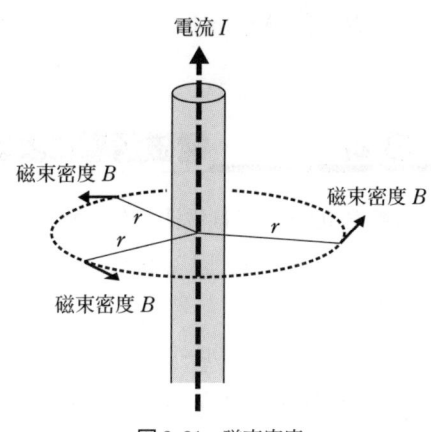

図 3.21　磁束密度

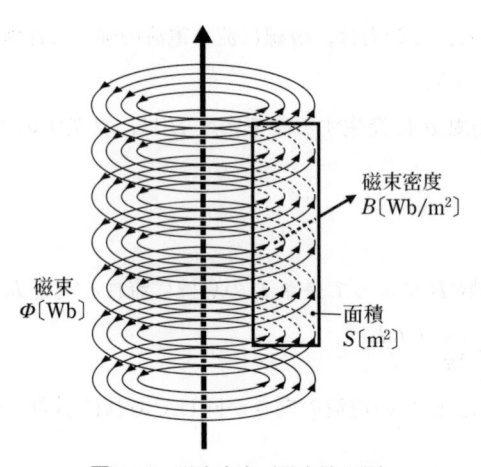

**図 3.22** 磁束密度（磁束線の数）

$$B = \frac{\mu_0}{4\pi} \frac{I}{r} \tag{3.5}$$

また，図 3.22 に示すように，磁界の噴出する様子を磁束線で表すとき，磁束密度 $B$ は，磁界と垂直な面積 $S$ [m²] を貫く磁束線の数 $\Phi$ [Wb] をこの面積で割った値 $B$ [Wb/m²] として，磁界に垂直な単位面積当たりの磁束線の数で表現することもできる．

$$B = \frac{\Phi}{S} \text{ [Wb/m}^2\text{]} \tag{3.6}$$

## 3.4　電磁誘導による電力伝送

　非接触 IC カードは電池を有しておらず，電磁誘導によりリーダ・ライタから電源が供給される．図 3.23 に，リーダ・ライタと非接触 IC カードの電力伝送の回路図を示す．
　リーダ・ライタのループアンテナ（インダクタンスを $L_1$ とする）から磁界エネルギーが放射されると，これを非接触 IC カード側のループアンテナ（インダ

## 3.4 電磁誘導による電力伝送

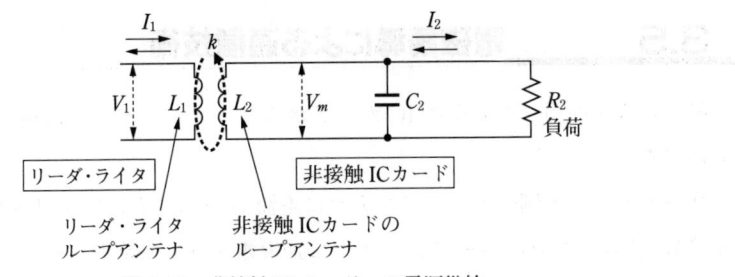

**図 3.23** 非接触ICカードへの電源供給

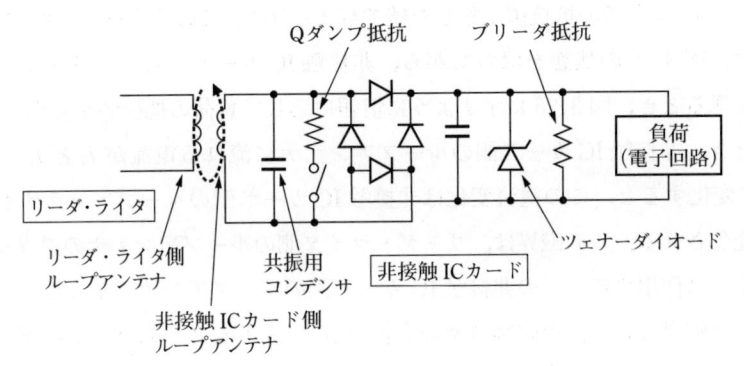

**図 3.24** 直流再生回路まで含めた電力伝送回路

クタンスを $L_2$ とする）でピックアップする．このときの結合係数を $k$ とし，$L_2$ に並列に接続した共振用のコンデンサ $C_2$ が未実装の非共振状態のときに $L_1$ に電流 $I_1$ を流すと，$L_2$ の両端に発生する電圧 $V_m$ は，

$$V_m = 2\pi f I_1 k \sqrt{L_1 L_2} \tag{3.7}$$

で与えられる．ここで，$C_2$ と $L_2$ で共振状態を作り出すと，$V_m$ の値は高くなる．

実際の直流再生回路まで含めた電力伝送回路を図 3.24 に示す．リーダ・ライタと非接触ICカードが近距離にある場合，ICカード側のループアンテナに誘起する電圧が高くなってしまうので，そのような場合はアンテナと並列に Q ダンプ抵抗を接続してアンテナの共振特性を鈍化させ，誘起電圧を下げるように動作させる．また，ツェナーダイオードにより，直流電圧の安定化を図っている．

## 3.5　電磁誘導による通信技術

　電磁誘導を利用した非接触ICカードからリーダ・ライタへの通信技術について述べる．

　リーダ・ライタ側のループアンテナに電流 $I_1$ を流すと，電磁誘導作用により，非接触ICカード側のループアンテナに誘導電圧 $V_m$ が発生する．このとき，非接触ICカードの回路が情報を送信していない待機状態のときに回路に流れる電流 $I_2$ は，$V_m$ を負荷の抵抗値で除した値で与えられる．この状態を図3.25に示す．

　次に，図3.25の状態を保ちながら，非接触ICカードからリーダ・ライタへ情報を送るとき，図3.26に示すように情報に応じて負荷の抵抗値を変化させる．このとき，非接触ICカード側のループアンテナに流れる電流が $I_2$ と $I_2 - \Delta I$ の2値で変化すると，この電流変化は非接触ICカード側のループアンテナから磁界を発生させる．この磁界は，リーダ・ライタ側のループアンテナの磁界を打ち消すように作用する．この非接触ICカード側のループアンテナから放射される磁界を反磁界という．電磁誘導型の非接触ICカードシステムは，この反磁界の原理を用いて通信を行う．

　電磁誘導は磁界での通信ということになる．最初の磁界はアンテナから放出さ

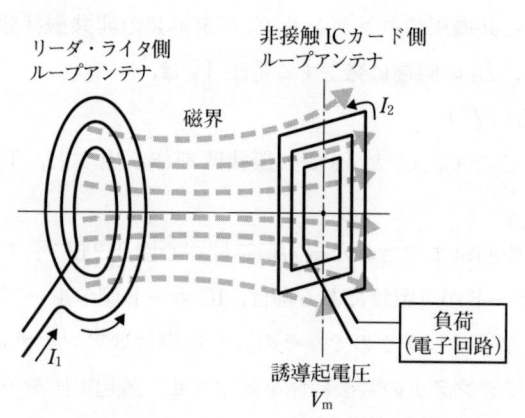

**図 3.25**　電磁誘導によりアンテナに流れる電流の様子

## 3.5 電磁誘導による通信技術

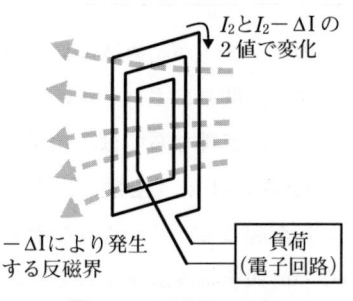

**図3.26** 反磁界の発生

（図中ラベル：非接触ICカード側ループアンテナ／$I_2$と$I_2-\Delta I$の2値で変化／$-\Delta I$により発生する反磁界／負荷（電子回路））

れ，空間で電界を誘導する．この領域を近傍界という．アンテナから離れた波源から$\lambda/(2\pi)$の位置では，一つの電磁界が空間に存在する．この位置まで離れると，磁界的な誘導の効果はほとんどなくなってくる．よって，電磁誘導方式の通信距離の限界は，波源から$\lambda/(2\pi)$の位置までと考えてよい．

13.56 MHzの1波長の長さは約22 mで，非接触ICカードの通信距離の10 cmは約0.0045波長に相当し，近傍界になる．近傍界では電磁誘導作用が見られるため，磁界による電力伝送や通信ができる．それに比べ，1波長の長さが約0.122 mの2.45 GHzを用いたマイクロ波RFタグでは，通信距離が1 mのときは約8波長の距離の通信を行っている．この距離になると，磁界の作用はほとんど見られず，電界による遠方界の領域での通信となる．

一般的に電波を用いた通信は，遠方界の世界として電磁界解析が行われており，距離が10倍になると電界は20 dB減衰する．遠方界では，電磁界をアンテナから独立したものと考えてよい．一方，非接触ICカードのような近傍界で磁界を用いて通信を行うシステムでは，通信距離が10倍になると磁界は60 dB減衰する．

## 3.6　アンチコリジョン技術

　ダンボール箱の中に多くのネクタイが詰め込まれ，個々のネクタイにはRFタグがつけられているものとする．個々のネクタイの情報をダンボール箱を開封せずに読み出すことができるのは，無線ならではの技術である．しかし，1台のリーダ・ライタでこのような複数のRFタグを読み出すとき，個々のRFタグからの電波の衝突（コリジョン）が起こる．このような衝突を回避しながら，できるかぎり多くのRFタグからの情報を読み出すことをアンチコリジョン機能，あるいはマルチリード機能と呼んでいる．

　非接触ICカードシステムでは，各応答器が勝手に応答すると混信が発生する．その問題を回避するために，リーダ・ライタが先に信号を発し，それに応答器（非接触ICカード）が答えるという基本ルール（**リーダ・トーク・ファースト**）がある．リーダ・ライタは，応答器がいつ通信エリアに入ってきてもよいように，一定間隔でリクエストコマンド信号を出している．これをポーリングと呼ぶ．また，アプリケーションによっては，リーダ・ライタと応答器が1対1の場合に最初に応答器が応答するシステム（**トランスポンダ・トーク・ファースト**）も使われている．

　アンチコリジョンの方式には，以下の3種類がある（図3.27）．

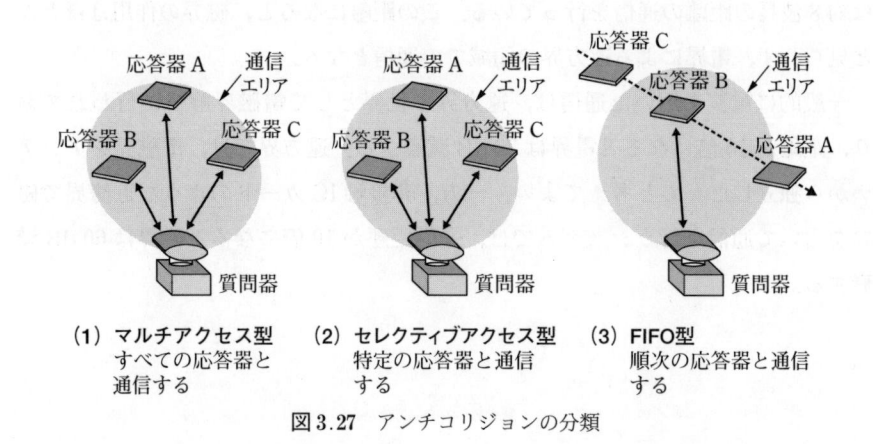

(1) マルチアクセス型
　すべての応答器と通信する

(2) セレクティブアクセス型
　特定の応答器と通信する

(3) FIFO型
　順次の応答器と通信する

図3.27　アンチコリジョンの分類

**マルチアクセス型**：質問器（リーダ・ライタ）のアンテナによって決まる通信エリア（以下，単に通信エリアと略す）の中にいる応答器すべてと通信を行う．

**セレクティブアクセス型**：通信エリアの中にいる応答器の中で，特定の応答器とのみ通信を行う．

**FIFO 型**：FIFO は First In（先入れ）First Out（先出し）の略で，通信エリアに順次入ってくる応答器と順番に通信を行う．

具体的な実施例や開発報告例では，以下のようなものがある．

● **ビットコリジョン方式**

13.56 MHz の**近接型 IC カード**（タイプ A）に採用されている方式で，リーダ・ライタからリクエストコマンドが送出され，それから一定時間後に応答器は一斉に個別の ID を応答する．複数の応答器が同時に応答したときには，空間での応答信号同士が衝突する．ここでは，通信エリアに応答器が二つある場合を例にとり，動作を説明する．

応答器の個別の ID を，応答器 A が 01010001，応答器 B が 01001001 とする．最初の 3 ビットは同じであるが 4 ビット目が異なっているので，リーダ・ライタは 2 個の応答器が同時に応答すると，3 ビット目までは同じ 010 なので受け取ることができる．しかし，4 ビット目の ID は異なるため，受け取ることができない．そこで，リーダ・ライタが「4 ビット目が 0 の ID の応答器は応答せよ」という命令を出すと，01010001 の個別 ID を有する応答器 A は応答を中止し，01001001 の個別 ID を有する応答器 B だけが応答してくる．次に「4 ビット目が 1 の ID の応答器は応答せよ」という命令を出すと，残りの 01010001 の個別 ID を有する応答器 A が応答してくる．このような方式をビットコリジョン方式と呼ぶ．

● **スロットマーカ方式**

13.56 MHz の**近接型 IC カード**（タイプ B）に採用されている方式である．応答器は，内部に乱数を発生する機能を持っている．リーダ・ライタからは，スロット番号と呼ばれる番号が送信される．図 3.28 に示すように，このスロット番号が応答器の乱数と一致したときにその応答器が応答する．ここで，応答器が

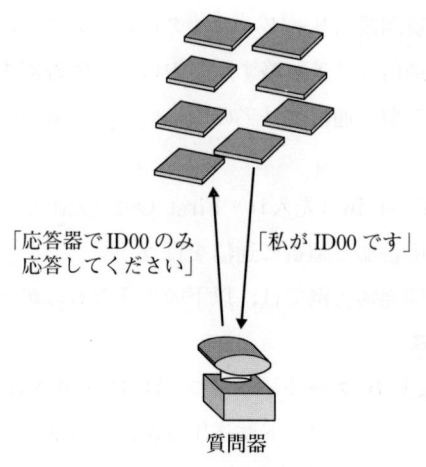

「応答器でID00のみ応答してください」　「私がID00です」

質問器

**図3.28** スロットマーカ方式

通信エリアに二つある場合を例にして，その動作を説明する．まず，リーダ・ライタからリクエストコマンドが送信されると，それを受けた各応答器は内部で乱数を発生する．例として，応答器Aが00，応答器Bが10を発生したとする．この乱数が確定した後で，リーダ・ライタからはスロット番号00が送信される．そのときに，このスロット番号と一致した乱数を発生した応答器Aが応答する．ここでリーダ・ライタは，この応答器AをCID（カードID番号）＝1に設定する．

次に，リーダ・ライタからはスロット番号01が送信されるが，それに対応する応答器が存在しないので，応答は得られない．さらに，リーダ・ライタからスロット番号10が送信されると，応答器Bが応答してくる．ここでリーダ・ライタは，この応答器BをCID＝2に設定する．最後に，リーダ・ライタからはスロット番号11が送信されるが，それに対応する応答器が存在しないので，応答はない．ここでリーダ・ライタは，通信エリアに存在する応答器が把握できたことになるので，その後は順次CID＝1，CID＝2と呼び出していく．このような方式をスロットマーカ方式と呼ぶ．

● **タイムスロット方式**

スロットマーカ方式に似た方式である．この方式は，応答時間を一定間隔に

し，その時間窓番号と，応答器が内部で発生した乱数の一部の数値とが一致したときに，その応答器が応答する．

● アロハ方式

アクティブ型のRFタグなどで用いられている方式である．アクティブ型のRFタグは，質問器からの問い合わせには関係なく，RFタグは自分の情報を勝手な時刻に短い送信時間で電波を送り出す．このような方式をアロハ方式と呼ぶ．この方式では，たまに他のRFタグからの電波と衝突し，情報を取得できない場合がある．アロハ方式の名前は，無線アロハネットがハワイから伝えられ，それが多重アクセスの方式に発展したことに由来するといわれている．

● CSMA方式

前述のアロハ方式ではRFタグが勝手な時刻に短時間の電波を送出しているが，CSMA（Carrier Sense Multiple Access）方式は，RFタグが送信する前に他のRFタグが電波を送出していないかを電波でモニタ（確認）し，他のRFタグが電波を送出しているときは，自分は電波を出さないで待機するという方式である．この方式は，搬送波検出多重化方式とも呼ばれている．

● マゼラン方式

オーストラリアのマゼランという会社が，BagTagトンネル型と呼ばれるリーダ・ライタと図3.29に示すような周波数ホッピング方式を組み合わせた，高速のマルチリードの一方式を実用化している．リーダ・ライタから応答器へは一つの周波数（伝送速度は424 kbps），応答器からリーダ・ライタへは，個々の応答器が擬似乱数発生によって八つの周波数の中から割り当てられた周波数で8波同時に応答（伝送速度は106 kbps×8＝848 kbps）することにより，高速のマルチリードを実現している．RFタグが密着していない条件で，1,200枚/秒の読み取り能力があると報告されている．

● 直接拡散CDMA方式

筆者らが着目した多重化の一方式に，携帯電話でも実用化されている直接拡散（Direct Sequence：DS）CDMA方式がある．質問器からRFタグへは一つの周波数での通信，複数のRFタグから質問器への通信はスペクトル拡散された

周波数

質問器

$f$

周波数

$f_1$ $f_8$

応答器1
〜
応答器8

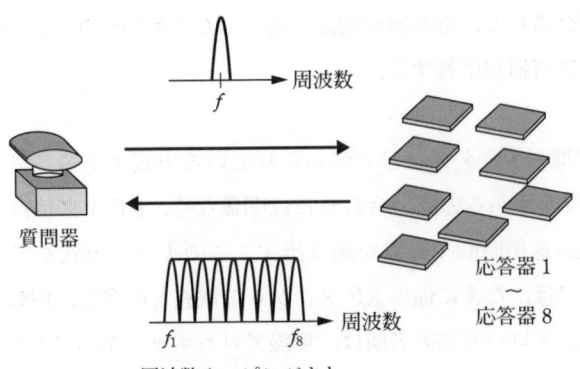

周波数ホッピングされ，
応答器1〜応答器8まで
の周波数分割された信号

図3.29 マゼラン方式

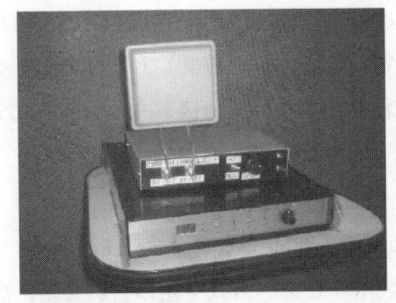

写真3.1 CDMA-RFIDシステムの試作質問器

写真3.2 CDMA-RFIDシステムの試作応答器

CDMA方式を用いてアンチコリジョンの機能を強化している．筆者らの属するアンプレットとテレミディックが共同開発し，写真3.1と写真3.2に示すような直接拡散方式による2.45GHzのRFIDシステムの試作をし，100枚/秒程度の読み取り能力が確認されている．

● PDMA方式

図3.7に示した偏波面分割多重化方式（Polarization Division Multiple Access）が，近年アンチコリジョン技術として注目されている．今までUHF帯やマイクロ波帯のRFタグシステムでは，直線偏波面のアンテナを有する応答

器の設置位置がどのようになっていても通信できるように，質問器側のアンテナは円偏波を用いることが半ば常識のようになっていた．しかし，空間に点在する多くのその応答器を効率よく読み取るために，質問器側で複数の直線偏波面のアンテナを用い，その偏波面を切り替えることによって空間での電波の衝突頻度を減らす方法が最近では主流になってきている．

## 3.7　記憶方式とメモリ

　非接触ICカードやRFタグシステムにおいて，その中に情報を記憶するにはメモリという回路が必要になる．メモリには，情報を書き換えられないROM（Read Only Memory）と，情報を書き換えられるRAM（Random Access Memory）がある．

　非接触ICカードやRFタグシステムにおける記憶方式は，以下に示す4種に分類される．

**リードオンリー型**：非接触ICカードやRFタグにROMを搭載したもので，情報の書き換えはできない．非接触ICカードやRFタグの製造時に情報を書き込み，実用上は読み出し専用となる．

**ワンタイム型**：情報を1度だけ書き込むことができるが，その後，情報の書き換えはできない．情報を書き込んだ後は，リードオンリー型として使う．

**リライト型**：非接触ICカードやRFタグにRAMを搭載したもので，情報の書き換えができる．情報を更新できるので，非接触ICカードやRFタグの再利用が可能になる．

**追記型**：情報を書き換えるのではなく情報を追加して記憶するもので，トレーサビリティを行うような分野に適している．

　不揮発性のメモリにはEEPROM（Electrically Erasable PROM）や一括消去型のFLASHメモリなどが利用できるが，筆者らとテレミディックで2002年に共同開発したRFタグでは，リライトできる不揮発性のメモリとしてFLASH

メモリを用いた．これは，読み出し時は低電圧で動作が可能であるが，書き込み時には高い電圧が必要となる．すなわち，電波を介して書き込みや読み出しを行う電池を搭載していないRFタグシステムでは，読み出し時のリーダ・ライタとRFタグ間の通信距離に対して，書き込み時はその距離が短くなる．

そこで，従来のEEPROMに比べて数万分の一の速さで読み出しと書き込みができ，高頻度の書き換え耐性を有し，数百分の一の低消費電力であるなどの特性を持つFRAM（Ferroelectric Random Access Memory：強誘電体メモリ）への移行が検討されている．FRAMは，キャパシタに強誘電体を組み込み，この強誘電体により高速不揮発性RAMを実現している．強誘電体は，電界を与えることにより二つの安定した状態のいずれかに分極し，内部回路により「0」と「1」の論理を検出する．いずれの状態も非常に安定しており，電界を取り除いた後も強誘電体効果により情報が維持されるので，メモリ内のデータの定期的なリフレッシュは必要ない．

ワンタイム型ではFUSEメモリが用いられているものもある．

一方，非接触ICカードやRFタグ回路設計においても，工夫や機能を限定して消費電力を低くする検討が必要となる．メモリに記憶する情報量を必要最小限にしたり，リードオンリー機能としたり，また，アンチコリジョン機能などを省略するなどの方法が検討されている．これらのアプローチは，結果的にICのチップサイズを小さくすることができるので，このようなコンセプトで製品化されたRFタグもある．

## 3.8 　符号化方式

非接触ICカードやRFタグシステムにおいて用いられる符号化方式について，以下に説明する．

**NRZ符号化方式**：情報"0"と"1"をそのまま論理値の"0"と"1"で表したもので，最も単純な符号化である．

**RZ符号化方式**：情報"0"と"1"を論理値の2ビット"00"と"10"で表す．NRZ信号に比べて帯域は広くなるが，その情報の中にクロック周波数成分が含まれているので，受信側ではクロック再生が容易に行える．

**マンチェスター符号化方式**：情報"0"と"1"を論理値の2ビット"01"と"10"で表す．情報の内容がどのようなものになっても，論理値の"0"と"1"の存在数は等しくなる．

**ミラー符号化方式**：情報"0"を論理値の2ビット"00"（一つ前の2ビットが"00"か"10"のように0で終わるとき）または"11"（一つ前の2ビットが"01"か"11"のように1で終わるとき）で表し，情報"1"を論理値の2ビット"01"（一つ前の情報が"00"か"10"のように0で終わるとき）または"10"（一つ前の情報が"01"か"11"のように1で終わるとき）で表す．

**変形ミラー符号化方式**：情報"0"は論理値の"1"で表す．情報"1"は"1"の情報の間で一瞬だけ"0"とすることで表す．

ここまで説明してきた符号化方式の概要を，図3.30にまとめる．

**パルス間隔符号化方式**：図3.31にその一例を示して説明する．スタート信号の

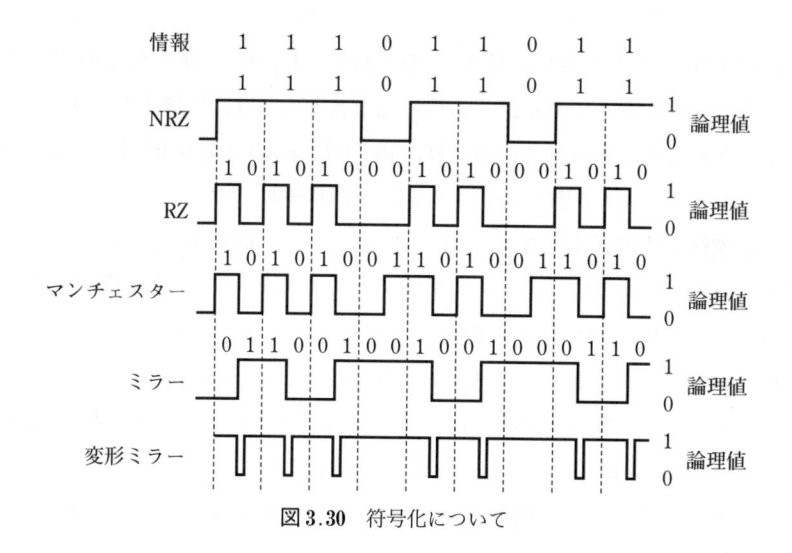

**図3.30　符号化について**

**図 3.31** パルス間隔符号化方式

**図 3.32** パルス位置符号化方式（1/256 方式）

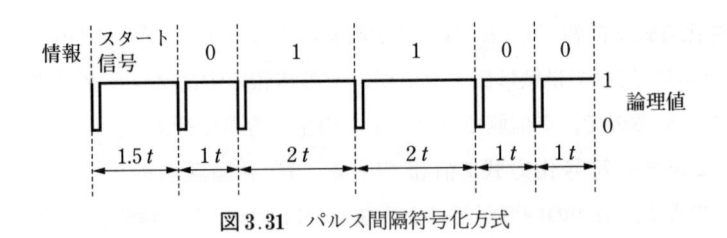

長さを 1.5$t$ としたときに，長さ 1$t$ を情報の"0"，長さ 2$t$ を情報の"1"とするような符号化方式である．この符号化方式の特徴は，伝送速度を任意に連続可変できることである．この方式は，13.56 MHz の近接型 IC カードのタイプ D としてイスラエルが提案を行ったが，国際標準にはなっていない．

**パルス位置符号化方式**：図 3.32 に 1/256 方式，図 3.33 に 1/4 方式を示して説明する．1/256 方式では，1 フレームはフレームスタート信号と情報 256 個（8 ビット）分の時間的な長さ 256$t$ から構成されている．フレームスタート信号の位置を基準に，その後で論理値が"0"になるまでの時間を計測する．例として，162$t$ の時間が計測されると，それは 256 個の 162 番目，すなわち 161（2 進数で 10100001）という 8 ビット情報を得ることができる．1/4 方式では 1 バイトで 2 ビット情報を示す．1 バイトの時間的な長さを 4$t$ とし，そ

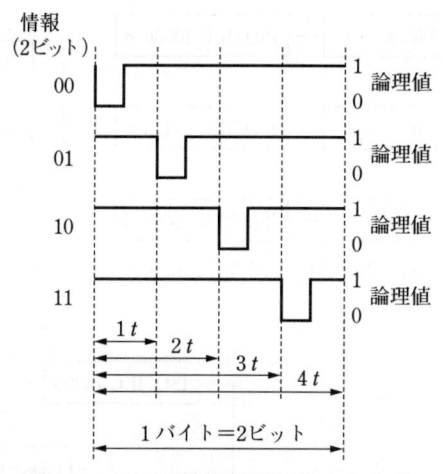

図 3.33 パルス位置符号化方式（1/4 方式）

の中を四つの時間窓（一つの時間窓は長さ $t$）に分けると，1番目の時間窓の中に論理値が"0"になる場合の情報は"00"，2番目の時間窓の中に論理値が"0"になる場合の情報は"01"，3番目の時間窓の中に論理値が"0"になる場合の情報は"10"，4番目の時間窓の中に論理値が"0"になる場合の情報は"11"を表す．パルス位置符号化方式は，近傍型ICカード（ISO/IEC 15693）やRFタグ（ISO/IEC 18000-3）で採用されている．

## 3.9　伝送プロトコル

伝送プロトコルとは，通信を行う装置間でデータ通信を行う際にあらかじめ定めておく取り決めのことである．信号送信の手順，データの表現方法，誤り検出方法などが規定されている．詳細は各規格を参照されたい．

**密接型・近接型・近傍型ICカード**：非接触ICカードの代表的な伝送プロトコルの規格を図3.34にまとめる．ISOは国際標準化機構，IECは国際電気標準会議である．

```
密着型ICカード ── ISO/IEC 10536-4
                                    ┌─ Type-A
近接型ICカード ── ISO/IEC 14443-4 ──┼─ Type-B
                                    └╌ FeliCa
近傍型ICカード ── ISO/IEC 15693-4
```

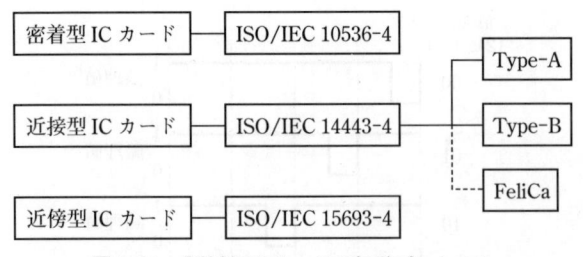

**図 3.34** 非接触 IC カードの伝送プロトコル

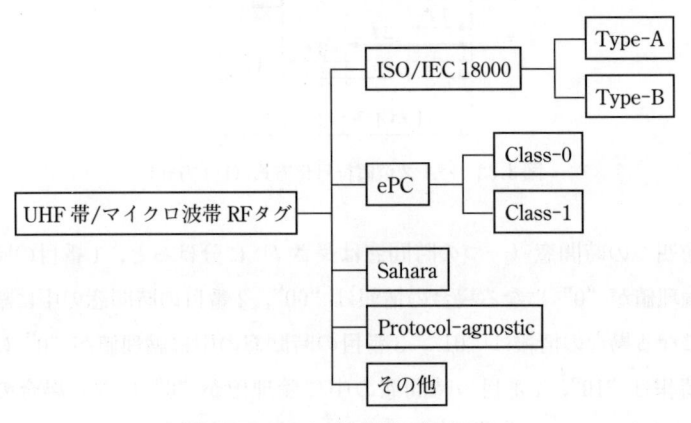

```
                          ┌─ ISO/IEC 18000 ──┬─ Type-A
                          │                  └─ Type-B
                          │
UHF帯/マイクロ波帯 RFタグ ─┼─ ePC ───────────┬─ Class-0
                          │                  └─ Class-1
                          ├─ Sahara
                          ├─ Protocol-agnostic
                          └─ その他
```

**図 3.35** RF タグの伝送プロトコル

**UHF帯/マイクロ波帯 RFタグ**：図 3.35 に UHF 帯/マイクロ波帯 RF タグのプロトコルの規格を示す．各サプライヤでのプロトコルの統一は行れていない．今後，マルチプロトコル，マルチ周波数対応のリーダ・ライタが市場では望まれることになるだろう．以下に，これらの例を紹介する．

質問器においては，筆者らの会社でも写真 3.3 に示すような 13.56 MHz, 900 MHz 帯，2.45 GHz のマルチ周波数対応で，マルチプロトコルを意識したソフトウェア無線のリーダ・ライタを試作した．アメリカでは Think Magic が次世代の RF タグシステム用として，マルチ周波数 RF タグシステム用質問器と RF タグの開発を行っている．

写真 3.3　マルチプロトコル・マルチ周波数RFタグシステム用試作質問器

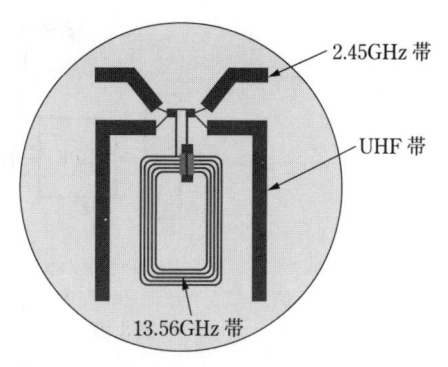

図 3.36　エフイーシー MM チップのアンテナ構成

RFタグにおいては，アンテナやICチップ・ベンダーのエフ・イー・シー（http://www.fecinc.co.jp）が，図3.36に示すようなマルチ周波数に対応するRFタグ用ICチップ「MMチップ」を2004年3月に発表した．

## 3.10　レクテナの設計

レクテナとは第2章で述べたように，電池を搭載しない反射型パッシブRFタグが，その内部の回路を動作させるために必要な直流電源を再生する回路である．図3.37にレクテナのブロック図の一例を示す．

RFタグは，リーダ・ライタ（質問機）から送出される電波（搬送波）を受信し，その受信した電波を整流素子（ダイオード）で整流してからローパスフィルタ（LPF）で平滑することにより，RFタグ内の回路が動作するための直流電源を再生する．

レクテナの設計に関する報告例は非常に少ない．本節では，レクテナ各部の設計例（2.45 GHz 用）を述べる．

### 3.10.1　整流素子（ダイオード）

高周波信号（交流信号）を直流（脈流）に変換するには，整流素子（ダイオー

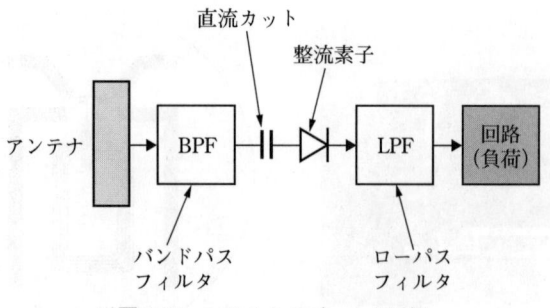

図 3.37　レクテナのブロック図例

●接合容量($C_j$)を小さくするアイディア
→ダイオードを直列接続する．ただし，ダイオードの順方向電圧($V_f$)は高くなる．

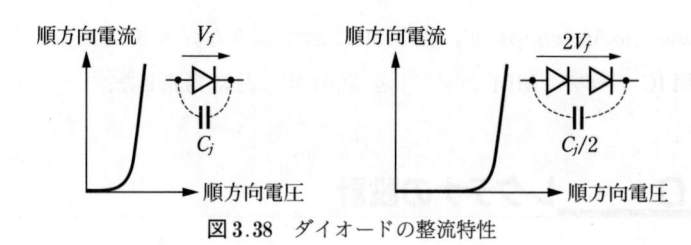

図 3.38　ダイオードの整流特性

ド）を用いる．このダイオードは，接合容量($C_j$)の小さなものがよい．

この接合容量を低減するため，図 3.38 に示すように整流素子を直列に接続する方法もある．整流素子として $n$ 本のダイオードを直列に接続すれば，合計の接合容量は $1/n$ になる．しかしこの場合，ダイオードの整流作用が始まる入力高周波信号の必要な最低振幅電圧は，ダイオード単体のときにくらべて $n$ 倍になる．よって，レクテナへの入力高周波電力が大きい場合はこの整流素子を直列に接続する方法が利用できるが，RF タグシステムのようにリーダ・ライタの送信出力が小さく，レクテナに小さな電力しか入力されないときは，ダイオードは 1 本の方がよい．

整流回路の形式は，整流効率の観点から，半波整流回路よりは図 3.39 に示すような両波整流回路がよいであろう．しかし両波整流回路は，その出力の整流波

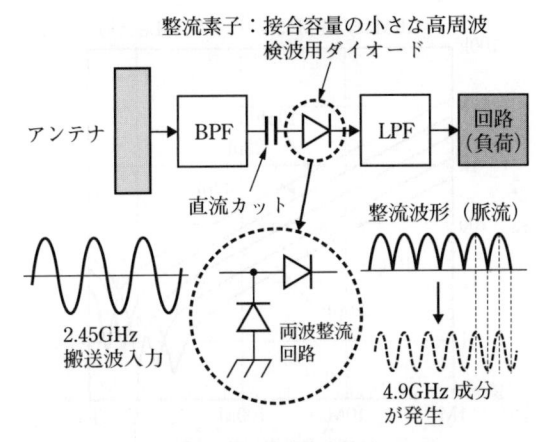

図 3.39 両波整流回路

形(脈流)に入力信号の周波数(2.45 GHz)の2倍の高調波成分(4.9 GHz)が含まれる．レクテナに2.45 GHzを通すBPFを挿入するのは，この4.9 GHzの信号をアンテナから空中へ放射させないようにする目的もある．

### 3.10.2 直流カット用コンデンサ

図3.39に示した直流カット用のコンデンサは，整流素子で整流した直流電圧がアンテナ側に出てこないようにする目的で挿入する．このとき，アンテナから整流素子へ2.45 GHzの高周波信号が効率よく伝送されるように，この直流カット用コンデンサは2.45 GHzにおいて十分にインピーダンスが低いものを用いる．一般にコンデンサのインピーダンスは式(3.8)で表される．この式より，静電容量 $C$ が同じ場合は周波数が高ければ高いほど，周波数が同じ場合は静電容量 $C$ が大きければ大きいほど，コンデンサのインピーダンス $Z$ は小さくなる．

$$Z = \frac{1}{2\pi f C} \, [\Omega] \tag{3.8}$$

ここで，

$\begin{cases} f：周波数〔\mathrm{Hz}〕 \\ C：コンデンサの静電容量〔\mathrm{F}〕 \end{cases}$

GRM42/GRM43シリーズ（SL特性）

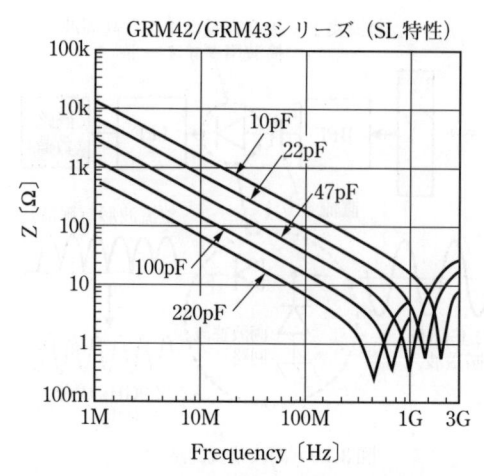

（出典：株式会社 村田製作所 CD-ROMカタログより）
図3.40　ムラタ製作所のチップコンデンサのSL特性

しかし現実の部品の世界では，この数式の通りにはならない．2.45 GHz くらいの高い周波数になると，コンデンサには高周波特性のよいチップを用いる．しかしこのチップコンデンサは図3.40に示すように，自己共振周波数と呼ばれるインピーダンスが最も低い値を有する共振特性を示す．この自己共振周波数より低い周波数ではコンデンサはコンデンサ本来の特性を示すが，自己共振周波数より高い周波数帯では，コイルの周波数が高くなるとインピーダンスが高くなってしまう．このように，式(3.4)では現れないような部品の特性についても，実際の設計では注意を払う必要がある．

このことから，レクテナに用いる直流カット用チップコンデンサは，2.45 GHz に自己共振周波数を持つ静電容量のものを使用すればよい．ムラタ製作所のGRM 42/GRM 43シリーズのチップコンデンサを例にとると，15 pF 程度のコンデンサの自己共振周波数が2.45 GHz となっている．

## 3.10.3　バンドパスフィルタ（BPF）の設計

アンテナから整流素子までの間には，バンドパスフィルタ（BPF）を挿入す

る．このBPFには以下の目的がある．

① アンテナから入力される2.45 GHzの高周波信号を効率よく整流素子に入力する（2.45 GHzのバンドパスフィルタはインピーダンス整合回路としても働く）．

② 両波整流回路の出力で発生した4.9 GHzの高調波成分が，アンテナから放射しないようにする（4.9 GHzのノッチフィルタとしても働く）．

まず，上記を設計するための予備知識として，分布定数回路のQマッチインピーダンス整合回路と，1/4波長オープンスタブによるノッチ回路の説明をする．

## ●プリント基板上での電気長

分布定数回路をプリント基板上に構成すると，信号の伝播速度が遅くなり，その結果，波長などの電気長が自由空間中に比べ短縮される．その波長短縮率は，基板の実効誘電率 $\varepsilon_{rel}$ により決まる．周波数 $f$ において，真空中におけるその電波の1波長を $\lambda$ とすると，プリント基板上ではその長さは短くなり，その長さを $\lambda_g$ とすると，式(3.9)の関係となる

$$\lambda_g = \frac{\lambda}{\sqrt{\varepsilon_{rel}}} \tag{3.9}$$

## ●マイクロストリップ線路の特性インピーダンス

図3.41に示すようなプリント基板を用いたマイクロストリップ線路は，よく用いられる伝送線路である．これは，プリント基板の裏側は全面グラウンドであるので，表面に引き回す線路の幅 $W$ と基板の厚さ $h$，基板の実効誘電率 $\varepsilon_{rel}$ により特性インピーダンスが決まる．その特性インピーダンス $Z_t$ は，ここでは実効誘電率 $\varepsilon_{rel}$ の代わりに基板の比誘電率 $\varepsilon_r$ を用いて，式(3.10)で近似的に求められる．

$$R_t(\Omega) = \frac{120\pi}{\left(\frac{W}{h}+1\right)\sqrt{\varepsilon_r + \sqrt{\varepsilon_r}}} \tag{3.10}$$

## ●Qマッチインピーダンス整合回路

出力インピーダンス $Z_1$ の信号源と，インピーダンス $Z_2$ の負荷とを接続するた

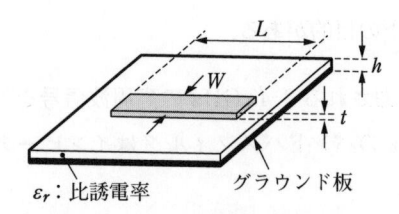

**図 3.41** マイクロストリップ線路の特性インピーダンス

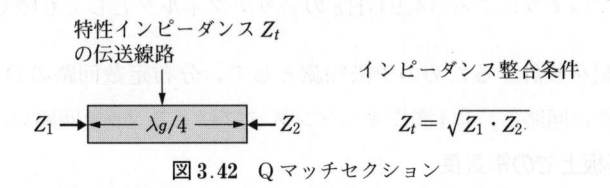

**図 3.42** Q マッチセクション

めの分布定数回路（マイクロストリップ線路）によるインピーダンス整合回路として，図 3.42 に示すような Q マッチインピーダンス整合回路がある．これは，式(3.10)で与えられる特性インピーダンスを式(3.11)より $Z_t$ として，線路の幅を求め，そのマイクロストリップ線路の長さを $\lambda_g/4$ とすることにより，インピーダンス変換を行うことができる．

$$Z_t = \sqrt{Z_1 \cdot Z_2} \tag{3.11}$$

● 1/4 波長オープンスタブ回路

図 3.43 に示す 1/4 波長スタブ回路は，分布定数回路では非常に頻繁に用いられる．図に示すスタブ回路の伝送線路の反対側がグラウンドとオープンになっている回路では，集中定数の等価回路のような直列共振回路となり，

$$f = \frac{1}{2\pi\sqrt{LC}} \tag{3.12}$$

として与えられる周波数 $f$，すなわち $\lambda_g$（プリント基板上で実効誘電率による波長短縮された 1 波長）が 1 波長となる周波数 $f$ において，直列共振回路が信号線とグラウンドの間に挿入されたものと等価になる．このとき，伝送線路とスタブ回路の交点のインピーダンスが $0\,\Omega$ となる．このような回路は，高周波的には低いインピーダンス，直流的にはインピーダンスが無限大となり，ノッチフィル

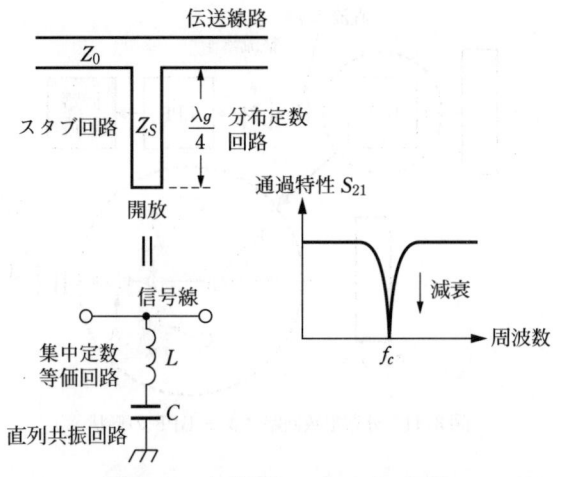

図 3.43　1/4 波長オープンスタブ回路

タとして機能する．

● **BPFの具体的な設計**

図 3.44 に，分布定数回路により実現する BPF の形状を示す．

**図中の A の部分**：整流素子の入力インピーダンスは，図 3.45 に示すように，抵抗成分 ($R_2$) とコンデンサ ($-jX_2$) が直列に接続されている等価回路になる．このとき，$Z_2=R_2-jX_2$ となる．この $-jX_2$ をキャンセルするための $+jX_2$ を A の部分で作り出している．A の部分の長さを $L_A$，特性インピーダンスを $Z_A$，2.45 GHz における基板上の 1 波長の長さを $\lambda_g$ とすると，$+jX_2$ は次式で与えられる．

$$+jX_2 = Z_A \times \tan\left(\frac{2\pi}{\lambda_g} \times L_A\right) \tag{3.13}$$

**図中の B の部分**：アンテナから入力される 2.45 GHz の高周波信号を効率よく整流素子に入力する 2.45 GHz のバンドパスフィルタとインピーダンス整合回路を，Q マッチインピーダンス整合回路で実現している．B の長さ $L_B$ は，2.45 GHz における基板上の 1 波長 $\lambda_g$ の 1/4 の長さになっている．この Q マ

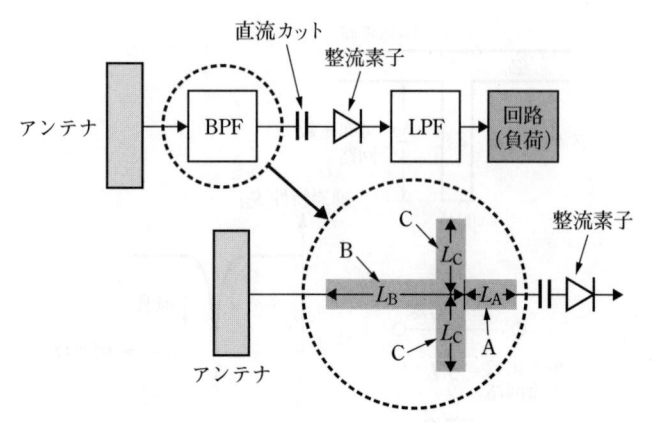

**図 3.44** 分布定数回路による BPF の形状

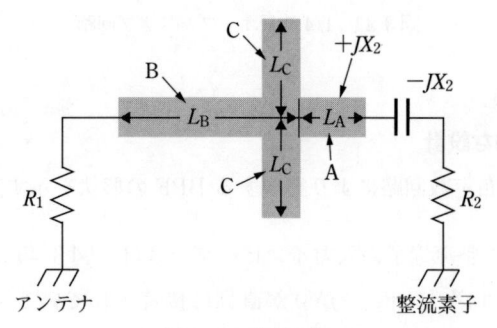

**図 3.45** 等価回路

ッチインピーダンス整合回路で，アンテナの給電点インピーダンス $R_1$ と，A の分布定数回路でリアクタンス成分をキャンセルした結果の整流素子の入力インピーダンス $R_2$ との間のインピーダンス整合をとる．この結果，2.45 GHz での伝送ロスが少なくなり，2.45 GHz のバンドパスフィルタとなる．

**図中の C の部分**：両波整流の結果として発生した 4.9 GHz の高調波成分が，アンテナから放射しないようにするための，4.9 GHz のノッチフィルタである．C の長さ $L_C$ は，4.9 GHz の基板上の 1 波長 $\lambda_g$ の 1/4 の長さとなる．

この BPF の周波数特性は，図 3.46 に示すようなものとなる．

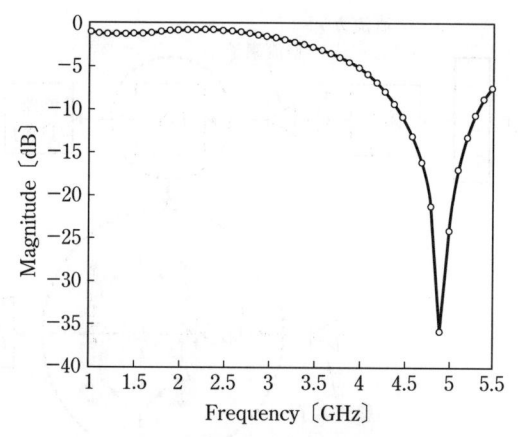

図3.46 BPFの周波数特性

## 3.10.4　ローパスフィルタ（LPF）の設計

整流素子と負荷（電源を供給する電子回路）の間には，図3.47に示すようなローパスフィルタ（LPF）を挿入する．このLPFは，整流素子の出力から漏れ出してくる2.45 GHzや，整流により発生する高周波成分の信号を遮断し，負荷（電子回路）に高周波信号が流れ込まないようにする．その結果，整流素子出力の脈流は平滑され，直流電源が再生される．

**図中のDの部分**：整流素子の出力インピーダンスは，図3.48に示すように，抵抗成分（$R_3$）とコンデンサ（$-jX_3$）が直列に接続されている等価回路となる．このとき，$Z_3=R_3-jX_3$となっている．この$-jX_3$をキャンセルするための$+jX_3$を，Dの部分で作り出している．Dの部分の長さを$L_D$，特性インピーダンスを$Z_D$，2.45 GHzにおける基板上の1波長の長さを$\lambda_g$とすると，$+jX_3$は次式で与えられる．

$$+jX_3 = R_D \times \tan\left(\frac{2\pi}{\lambda_g} \times L_D\right) \tag{3.14}$$

**図中のEの部分**：整流素子の出力と負荷（電子回路）との間のインピーダンス整合回路を，Qマッチインピーダンス整合回路で実現している．Eの長さ$L_E$

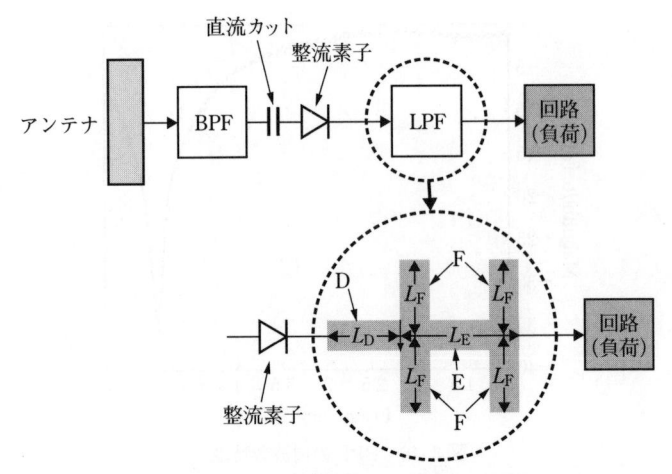

**図 3.47** 分布定数回路による LPF の形状

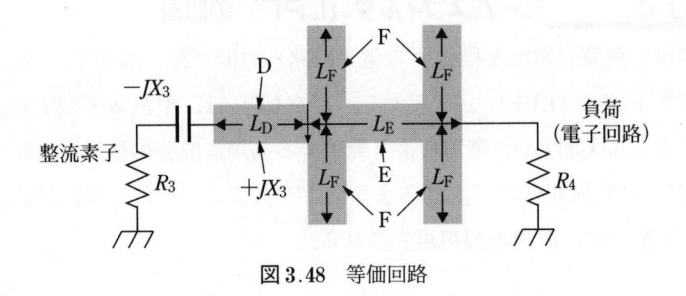

**図 3.48** 等価回路

は，2.45 GHz における基板上の1波長 $\lambda_g$ の 1/4 の長さとなっている．この Q マッチインピーダンス整合回路で，D の分布定数回路でリアクタンス成分をキャンセルした結果の整流素子の出力インピーダンス $R_3$ と，負荷（電子回路）のインピーダンス $R_4$（レクテナの再生出力直流電圧を回路に流れる電流値で除した値）とのインピーダンス整合をとる．

**図中の F の部分**：整流した脈流に含まれる 2.45 GHz とその高調波成分が負荷に流れ込まないようにするための，2.45 GHz に遮断周波数をもつローパスフィルタの素子となる．F の長さ $L_F$ は，2.45 GHz の基板上の1波長 $\lambda_g$ の 1/4 の長さとなる．この LPF の周波数特性は，図 3.49 に示すようなものとなる．

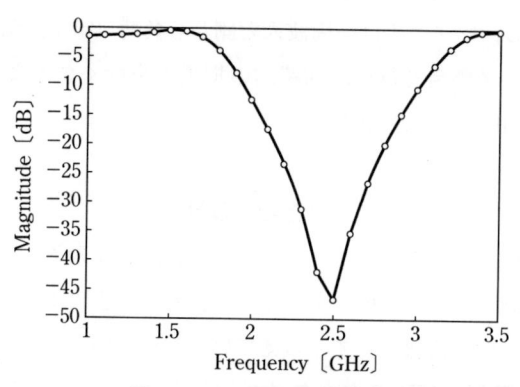

**図 3.49** LPF の周波数特性

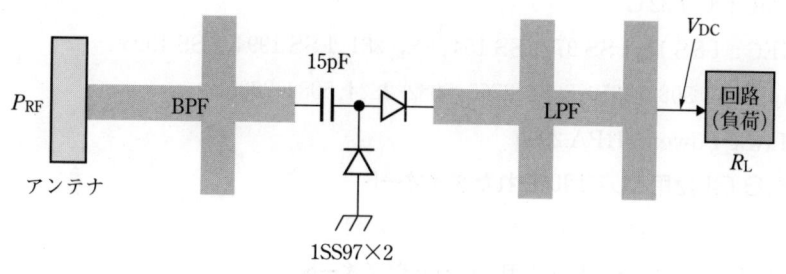

**図 3.50** レクテナの回路図

以上の設計プロセスにより設計されたレクテナの回路図を図 3.50 に示す．電波から直流電源を取り出すときの RF-DC 変換効率 ($\eta$) は，式 (3.15) より求められる．

$$\text{RF-DC 変換効率}：\eta = \frac{\dfrac{V_{DC}}{R_L}}{P_{RF}} \tag{3.15}$$

RF タグの場合，IC 化することによる回路規模の大きさ的な制限により，IC 内には大容量のコンデンサやコイルを作りにくいという理由から，図中のバンドパスフィルタ (BPF) やローパスフィルタ (LPF) を実装することが難しいので，BPF を省略したり，LPF を小容量のコンデンサで代用している場合が多い．この場合，レクテナの高周波信号から直流電源への変換効率は 20～30％程

度である．しかし，レクテナは高周波入力側から負荷（電子回路）までの各部の間のインピーダンス整合を行い，回路内の損失を少なくするように設計をすれば，変換効率を70〜80％程度まで高めることができる．

### 整流素子の例

　過去のレクテナに関する論文や文献で紹介され，整流素子に用いられたダイオードを以下に列記する．この種のダイオードは製造中止になっているものもあるので，参考程度までの情報としてとらえていただきたい．

● 2.45 GHz用として用いられたダイオード

　AMC：1 N 82 G
　NEC：1 SS 11,1 SS 97,1 SS 154,1 SS 281,1 SS 1994,1 SS 1995
　Agilent：5082-2350,5082-2765,5082-2824,5082-2835
　Hawk Power：HPA 2900

● 5.8 GHz用として用いられたダイオード

　M/A Com：MA 40150-119, MA 46135-32

● 10 GHzや35 GHzで用いられたダイオード

　Alpha：DMK 6606

# 第4章

# アンテナの技術

　本章では，電波の出入口であるアンテナについて説明する．アンテナは，移動無線識別システムにおいて，その性能を左右する重要なものである．

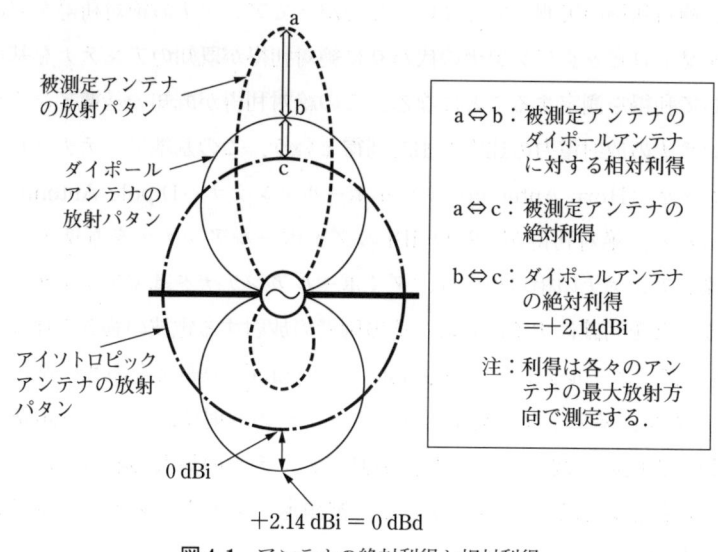

## 4.1　アンテナの基礎知識

(1)　アンテナの絶対利得と相対利得

　アンテナの利得を定義するために，その基準となるアンテナとして仮想的な無指向性アンテナを用いる．このアンテナはアイソトロピックアンテナ

a⇔b：被測定アンテナのダイポールアンテナに対する相対利得

a⇔c：被測定アンテナの絶対利得

b⇔c：ダイポールアンテナの絶対利得＝+2.14dBi

注：利得は各々のアンテナの最大放射方向で測定する．

+2.14 dBi ＝ 0 dBd

図4.1　アンテナの絶対利得と相対利得

(Isotropic Antenna）と呼ばれ，全空間すべての方向に均等に放射するアンテナである．このアイソトロピックアンテナに送信機を接続して基準電力の電波を送出し，アンテナからある距離の場所で電波の強さを測定する．このときの電波の強さ（電力）を $P_i$ とする．次に，利得を測定したい被測定アンテナに同じ送信機を接続して，その被測定アンテナの最大輻射方向の同じ距離の場所での電波の強さを測定する．このときの電波の強さ（電力）を $P_{dut}$ とする．ここで，$P_{dut}/P_i$ の比をデシベル〔dB〕で表したものをアンテナの**絶対利得**といい，回線設計などをするときに用いる．

絶対利得は，その電波の強さの比を表現するにあたってアイソトロピックアンテナを基準にしたことを示すため，その両者の放射する電波の強さの比率を表すdB の後にアイソトロピックアンテナ（Isotropic Antenna）の頭文字の"i"を付加して「dBi」と表す．

$$絶対利得〔dBi〕 = 10 \log (P_{dut}/P_i) \tag{4.1}$$

しかし現実には，アイソトロピックアンテナは仮想のアンテナであり実在しないので，絶対利得の実測はできない．したがってアンテナの絶対利得を求めるには，アイソトロピックアンテナの代わりに絶対利得が既知のアンテナを基準アンテナとして利得を測定することになる．この絶対利得が既知の基準アンテナと被測定アンテナの放射電力の比率を**相対利得**という．この基準アンテナとして，ホーンアンテナ（Horn Antennd）やダイポールアンテナ（Dipole Antenna）がよく用いられる．絶対利得が+2.14 dBi のダイポールアンテナを基準アンテナとした被測定アンテナの相対利得は，ダイポールアンテナを基準アンテナとしているということを明確にするために，その両者の放射する電波の強さの比率を表すdB の後にダイポールアンテナ（Dipole Antenna）の頭文字の"d"を付加して「dBd」と表す．基準となるダイポールアンテナの放射位置からある距離における最大輻射方向の電波の強さを $P_d$，被測定アンテナの最大輻射方向の同じ距離の場所での電波の強さを $P_{dut}$ とすると，被測定アンテナとダイポールアンテナの相対利得は，

$$\text{相対利得}〔\text{dBd}〕=10 \log (P_\text{dut}/P_\text{d}) \tag{4.2}$$

で与えられる．

被測定アンテナの絶対利得〔dBi〕は，ダイポールアンテナを基準として測定した相対利得〔dBd〕の値に 2.14 dB を加えた値となる．

$$\text{絶対利得}〔\text{dBi}〕=\text{相対利得}〔\text{dBd}〕+2.14 \tag{4.3}$$

絶対利得においてアイソトロピックアンテナと電波の強さを比較したとき，被測定アンテナの電波がアイソトロピックアンテナの電波の強さよりも強いときは＋▲ dBi のように正の値をとり，弱いときは－■ dBi のように負の値をとる．

アンテナが電波を集める能力は，その有効面積で表される．同じ利得のアンテナでも，使用波長が異なると有効面積が異なる．開口面をもたないアンテナの有効面積は，

$$A_\text{e}=\frac{g_\text{a}\cdot\lambda^2}{4\pi} \tag{4.4}$$

で表される．これより，デシベルで表したアンテナの絶対利得 $G_\text{a}$ とアンテナの有効面積 $A_\text{e}$ の関係は，

$$G_\text{a}〔\text{dBi}〕=10 \log (g_\text{a})=10 \log \left(\frac{4\pi A_\text{e}}{\lambda^2}\right) \tag{4.5}$$

で与えられる．ここで，

$\begin{cases} g_\text{a}：\text{アンテナの絶対利得（真数）} \\ \lambda：\text{自由空間波長} \end{cases}$

である．

### (2) アンテナの絶対利得と指向性幅の関係

アンテナの指向性幅とは，図 4.2 に示すように，送信したときのアンテナの最大放射方向の輻射電力を基準とし，その左右で輻射電力が半分（－3 dB）となる点の間の角度（$\theta$）で定義する．開口面を持たないアンテナ（八木・宇田アンテナなど）では，指向性幅から概略の絶対利得 $G_\text{a}$ を以下の式で求めることができる．

図4.2 指向性幅

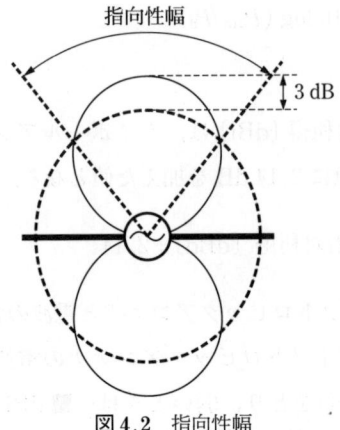

$$G_a \text{[dBi]} = \left(10 \log \frac{41253}{\theta_H \cdot \theta_E}\right) \tag{4.6}$$

ここで，$\theta_H$ は磁界面，$\theta_E$ は電解面での指向幅，単位は〔°〕である．

開口面を持つアンテナ（口径 $D$ のパラボラアンテナ）では，指向性幅は，

$$\theta \approx 69 \frac{\lambda}{D} \tag{4.7}$$

で計算できる．ここで，$\theta$ の単位は〔°〕である．

アンテナ前方へ輻射される電力と後方の電力の比をFB比(Front to Back Ratio)，前方と側方の電力の比をFS比（Front to Side Ratio）という．

### (3) 実用アンテナの電気長と利得の関係

進士昌明氏が論文「小形・薄形アンテナと無線通信システム」（電子情報通信学会論文誌(B)，Vol. J 71-B, No. 11）で，実在するいろいろな小形アンテナの最大外形寸法 $L$ とダイポールアンテナに対する相対利得 $G$ の関係をグラフ化したところ，次式の関係を導き出したことは非常に興味深い．

$$G \text{[dBd]} \approx 8 \log \frac{2L}{\lambda} \tag{4.8}$$

### (4) VSWRとリターンロス

アンテナの給電点インピーダンスと給電線の特性インピーダンスとの整合がと

## 4.1 アンテナの基礎知識

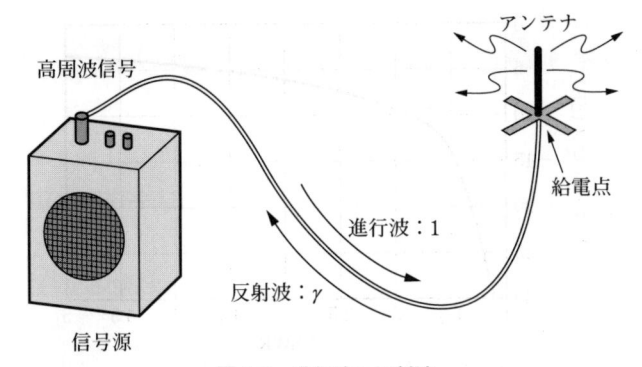

**図4.3** 進行波と反射波

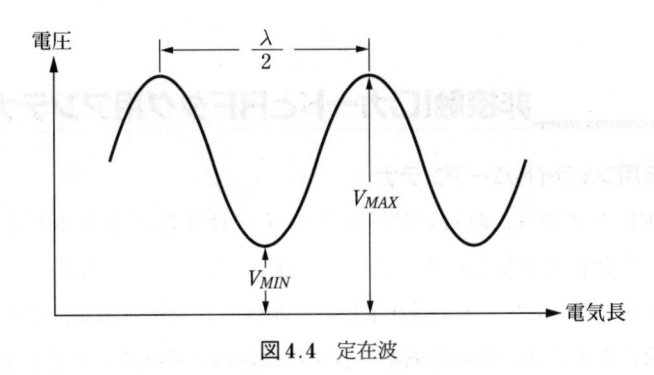

**図4.4** 定在波

れていないときは，図4.3に示すように，給電点において高周波信号は反射を生じる．その結果，給電線上に進行波と反射波が干渉して定在波が生じる．図4.4に示す定在波の電圧の最大値 $V_{MAX}$ と最小値 $V_{MIN}$ の比をVSWR（Voltage Standing Wave Ratio：電圧定在波比）という．VSWRとともに，その反射係数を2乗してデシベル表記した値をリターンロスという．反射係数を $\gamma$ とすると，

$$\mathrm{VSWR} = \frac{V_{MAX}}{V_{MIN}} = \frac{1+\gamma}{1-\gamma} \tag{4.9}$$

$$\begin{aligned}
\text{リターンロス} &= 10 \log \gamma^2 = 20 \log \gamma \\
&= 10 \log \frac{\mathrm{VSWR}-1}{\mathrm{VSWR}+1} \, [\mathrm{dB}]
\end{aligned} \tag{4.10}$$

となる．リターンロスとVSWRの関係を図4.5に示す．

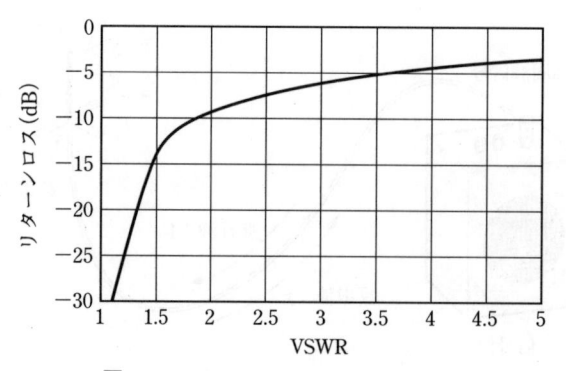

図4.5 リターンロスとVSWRの関係

## 4.2　非接触ICカードとRFタグ用アンテナ

### （1）長波用フェライトバーアンテナ

　長波帯RFタグでは，波長に比べてアンテナは非常に小さくなる．例えば134.2 kHzの動物識別用RFタグでは，写真4.1に示すような長さ31.2 mm×直径3.85 mmという小ささで長波RFタグが作られた例もある．このような小形の長波RFタグには，高い透磁率を有する磁性体の棒状フェライトを利用したバーアンテナが用いられる．

　磁束は，図4.6に示すように透磁率の高いところを通過する特性がある．真空中の透磁率を $\mu_0$，磁性材料の透磁率を $\mu_m$ とすると，$\mu_m > \mu_0$ が成立するときには磁束は束になって磁性材料の中を貫通する．これは，磁性材料の中の磁束密度 $B_m$ が，真空中の磁束密度 $B_0$ に比べて高いことを意味する．この特性を利用して磁性材料のフェライト棒にコイルを巻くと，空芯コイルに比べて大きなインダクタンスを得ることができる．長波帯RFタグ用フェライトバーアンテナは図4.7に示すような形状で，そのインダクタンスは式(4.11)で計算できる．

$$L = \frac{\mu_0 \mu_m N^2 A}{l} \text{ [H]} \tag{4.11}$$

ここで，

$\begin{cases} \mu_0：真空中の透磁率（1.257 \times 10^{-6}\,\mathrm{[Vs/Am]}） \\ \mu_\mathrm{m}：フェライト材の透磁率 \\ N：コイルの巻数 \\ A：フェライト材の断面積\,\mathrm{[m^2]} \\ l：コイルの長さ\,\mathrm{[m]} \end{cases}$

である．

### (2) 密着型非接触ICカードシステム用アンテナ

アンテナという範疇から少し外れるかもしれないが，密着型非接触ICカードの通信や，エネルギーを空間で伝送する磁気結合や静電結合について述べる．

密着型非接触ICカードシステムでは通信距離が数mm程度であるので，その

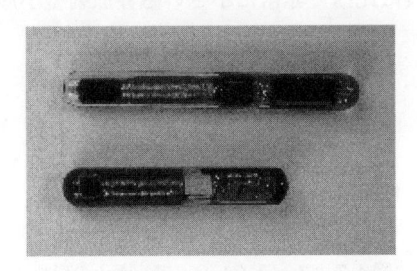

(出典：Texas Instruments Webページより)

写真4.1 134.2kHzのRFタグ（Texas Instruments TIRIS）

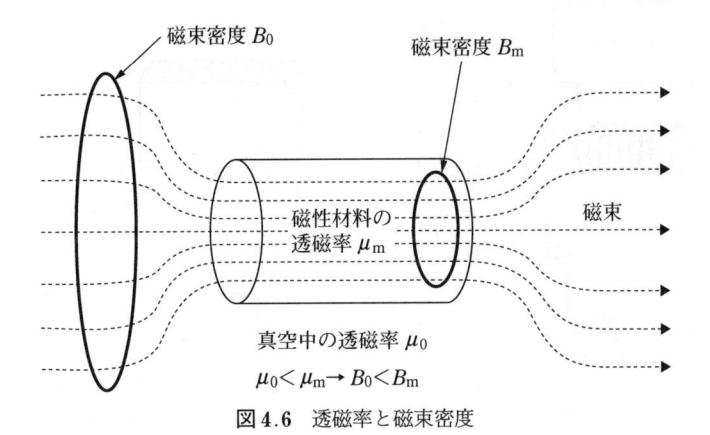

図4.6 透磁率と磁束密度

通信や電力の伝送では，図4.8に示すようなトランス（変圧器）の1次コイル（リーダ・ライタ側）と2次コイル（非接触ICカード側）の磁気結合を利用したり，図4.9に示すような対向する平板で構成されたコンデンサでの静電結合を利用したものがある．

### (2-1) ループアンテナ

近接型・近傍型非接触ICカードシステムでは，図4.10に示すような磁界型のループアンテナを用いる．写真4.2にオムロンのV 720-D 52 P 01，写真4.3に日本アビオニクスのリーダ・ライタ（RD 4000シリーズ）のアンテナを示す．

### (2-2) 微小ループアンテナ

13.56 MHzの非接触ICカードはカードの大きさがID-1サイズで，この中のループアンテナは波長に比べて非常に小さい磁界放射型小形アンテナ[*4-1]を用い

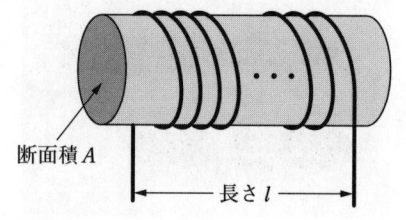

図4.7 フェライトバーアンテナの形状

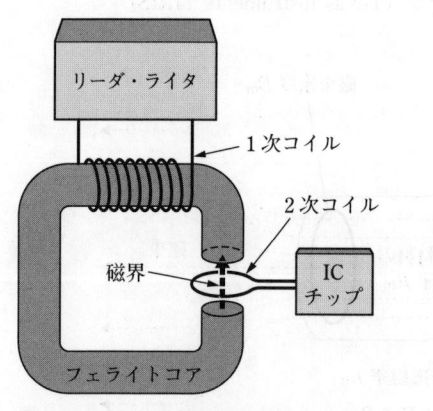

図4.8 磁気結合型の非接触ICカードシステム用アンテナ

図4.9 静電結合型の非接触ICカードシステム用アンテナ

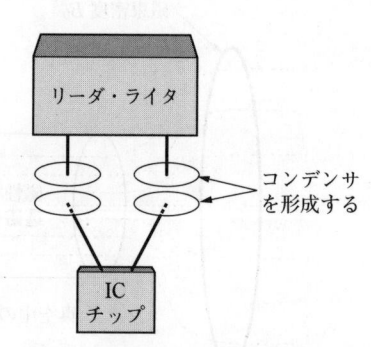

## 4.2 非接触ICカードとRFタグ用アンテナ

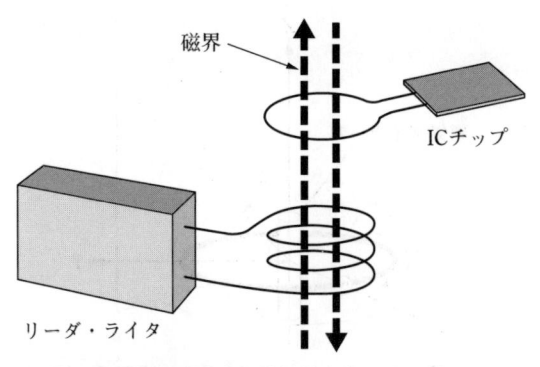

**図4.10** 電磁誘導型の非接触ICカードシステム

（出典：オムロンのWebページより）
**写真4.2** 非接触ICカードのアンテナ例

（出典：日本アビオニクスのWebページより）
**写真4.3** リーダ・ライタのアンテナ例

ており，その代表は微小ループアンテナである．図4.11に示した座標系における放射電磁界を式(4.12)に示す．このアンテナは，微小な磁気ダイポールアンテナと等価になる．ループで囲まれた面積を$S$，ループに流れる電流を$I$とすると，微小ループアンテナの電界と磁界は，

$$\begin{cases} E_\phi = -\dfrac{jw\mu_0 IS \exp(-jkR)}{4\pi}\left(\dfrac{1}{R^2}+\dfrac{jk}{R}\right)\sin\theta \\ H_R = \dfrac{IS \exp(-jkR)}{2\pi}\left(\dfrac{1}{R^3}+\dfrac{jk}{R^2}\right)\cos\theta \\ H_\theta = \dfrac{IS \exp(-jkR)}{4\pi}\left(\dfrac{1}{R^3}+\dfrac{jk}{R^2}-\dfrac{k^2}{R}\right)\sin\theta \\ E_R = E_\theta = H_\phi = 0 \end{cases} \quad (4.12)$$

---
[*4-1] アンテナの放射素子の場合「小型」ではなく「小形」を用いることが多い

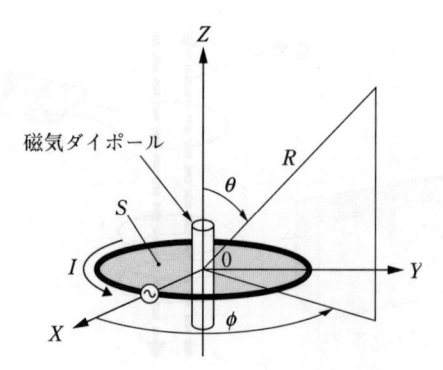

**図4.11** 微小ループアンテナの座標系

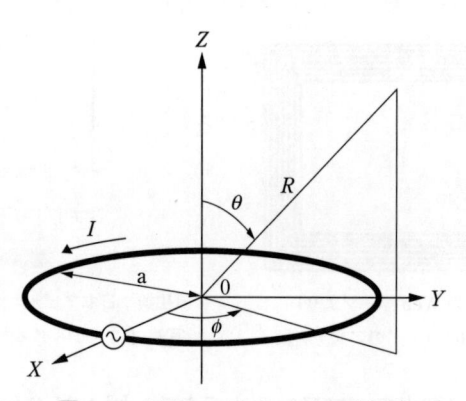

**図4.12** 円形ループアンテナの座標系

で与えられる．$f$ を周波数，$\lambda$ をその周波数 $f$ の自由空間での1波長の長さとすると，$\omega=2\pi f$，$k$（自由空間での波数）$=(2\pi)/\lambda$ となり，$\mu_0$ は真空中の透磁率を表す．

放射電力 $P$ と放射抵抗 $R_r$ は，以下の式で求められる．

$$P = \frac{\pi\omega\mu_0 I^2}{12}\left(\frac{2\pi a}{\lambda}\right)^4 \tag{4.13}$$

$$R_r = \frac{\pi\omega\mu_0}{6}\left(\frac{2\pi a}{\lambda}\right)^4 \tag{4.14}$$

## (2-3) 円形ループアンテナ

次に図4.12に示すような，周囲長が波長に比べて無視できない円形ループア

ンテナの放射電磁界を以下に示す．ループ上に，一様で同相の電流 $I$ が流れているときには，

$$\begin{cases} E_\phi = 60\pi kaI \dfrac{\exp(-jkR)}{R} \times J_1(ka\sin\theta) \\ H_\theta = -\dfrac{E_\phi}{120\pi} \end{cases} \quad (4.15)$$

ここで，$J_1(x)$ は1次のベッセル関数である．周囲長が1波長のときには，電流は

$$I(\phi) = I\cos\phi \quad (4.16)$$

となり，放射電磁界は

$$\begin{cases} E_\theta = -j30\pi I \dfrac{\exp(-jkR)}{R} \times \{J_0(\sin\theta) + J_2(\sin\theta)\} \times \cos\theta\sin\phi \\ E_\phi = -j30\pi I \dfrac{\exp(-jkR)}{R} \times \{J_0(\sin\theta) - J_2(\sin\theta)\} \times \cos\phi \end{cases} \quad (4.17)$$

となる．$\theta=0$ と $\theta=\pi$ 方向への放射が最大となる．

### (2-4) ICチップ上に構成した微細RFID用アンテナ

2.45 GHz で大きさが1 mm 角以下の微細 RFID の設計で最も難しいのは，この小さな IC チップ上にどのようなアンテナを構成するかということである．このようなアンテナ内蔵の RFID チップは，現在の国内の電波法で許される質問器の空中線電力（260 mW）では，1〜2 mm の通信距離が限界と思われる．このとき，リーダ・ライタと微細 RFID 間との通信は，図 4.13 に示すように，13.56 MHz のリーダ・ライタと非接触 IC カード間の通信と同様に電磁誘導的な通信方法を考えたほうがよい．

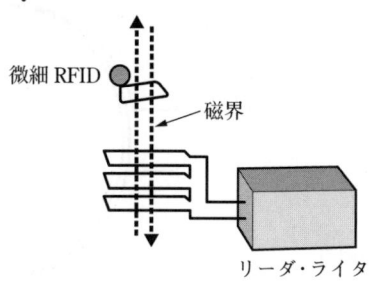

図 4.13　リーダ・ライタと微細 RFID 間との通信

## (2-5) 多重巻き微小ループアンテナの設計

13.56 MHz の非接触 IC カードなどでは，近傍での磁界による通信を行うためにループ系のアンテナがよく用いられる．

図 4.14 に 3 回巻きのループアンテナ（以下，放射ループと呼ぶ）の一例を示す．放射ループは，インダクタンスでありながらエナメル線間に浮遊容量をもたせるために，3 回巻きのエナメル線を各々密接させるように束ねる．この放射コイルにインピーダンス整合用のコンデンサ $C_1$，$C_2$ と，ダンピング抵抗 $R_1$ を付加する．この放射ループは，送信機（高周波電源）から振幅が数 V の電圧を給電点に供給しても，共振している周波数では数十〜数百 V の電圧がかかる．アンテナ電流は，放射ループの直流抵抗値がダンピング抵抗 $R_1$ に比べて十分に小さいものとすると，この放射ループにかかる電圧をダンピング抵抗 $R_1$ で除した値として求められる．

放射ループのインダクタンスを $L_1$，アンテナの給電点インピーダンスを $Z_0=50\,\Omega$，放射ループの共振周波数を $f$ とすると，

$$Z_0 = 50\,[\Omega] = \cfrac{1}{-j2\pi fC_2 + \left(\cfrac{1}{\cfrac{1}{-j2\pi fC_1} + R_1 + j2\pi fL_1}\right)} \tag{4.18}$$

が成り立つ．ここで $L_1=2\,\mu\mathrm{H}$，$R_1=4.7\,\Omega$，$f=13.56\,\mathrm{MHz}$ とすると，$C_1$ と $C_2$

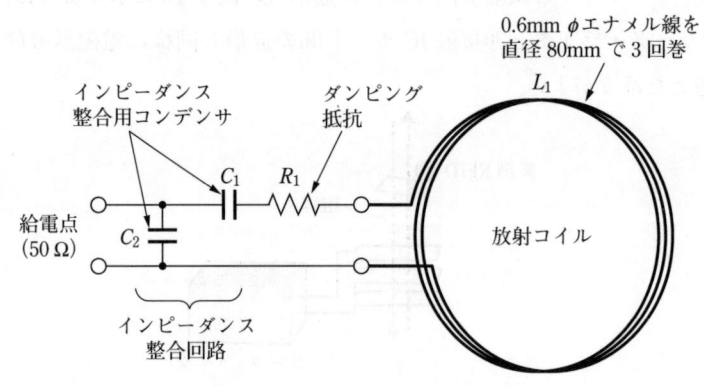

図 4.14 多重巻き微小ループアンテナ

## 4.2 非接触ICカードとRFタグ用アンテナ

は以下の式より求められる．

$$\begin{cases} C_1 = \dfrac{1}{(2\pi f)^2 \left(L_1 - \dfrac{\sqrt{Z_0 R_1 - R_1^2}}{2\pi f}\right)} \\ \phantom{C_1} = \dfrac{1}{(2\pi \cdot 13.56 \cdot 10^6)^2 \left(2 \cdot 10^{-6} - \dfrac{\sqrt{50 \cdot 4.7 - 4.7^2}}{2\pi \cdot 13.56 \cdot 10^6}\right)} = 75\,[pF] \\ C_2 = \dfrac{\sqrt{Z_0 \cdot R_1 - R_1^2}}{2\pi f Z_0 R_1} \\ \phantom{C_2} = \dfrac{\sqrt{50 \cdot 4.7 - 4.7^2}}{2\pi \cdot 13.56 \cdot 10^6 \cdot 50 \cdot 4.7} = 729\,[pF] \end{cases} \quad (4.19)$$

試作した多重巻き微小ループアンテナを写真4.4，ダンピング抵抗とインピーダンス整合回路を写真4.5に示す．$C_1$と$C_2$は固定コンデンサにトリマコンデンサを並列に接続し，調整できるようにした．

試作した多重巻き微小ループアンテナのインピーダンス特性を写真4.6に，リターンロス特性を写真4.7に示す．

非接触ICカードやRFタグのシステムでは，ループアンテナを金属塊の中に埋め込んだり，金属面に取り付けたいという要求もある．ループアンテナを金属面に直接近づけると，ループアンテナから放射される磁界を打ち消す方向に磁界を発生させるように，渦電流が金属の表面に流れる．

金属塊にRFタグを埋め込みたいときには，図4.15に示すようにフェライト

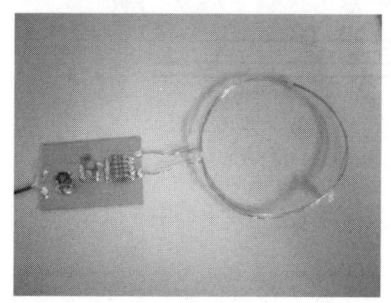

**写真4.4** 多重巻き微小ループアンテナ

**写真4.5** ダンピング抵抗とインピーダンス整合回路

**写真 4.6** インピーダンス特性

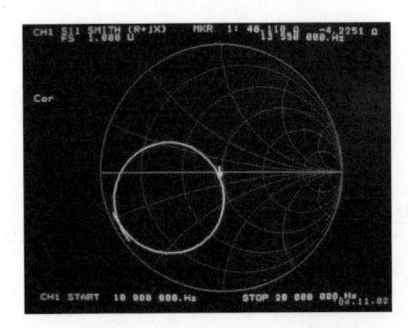

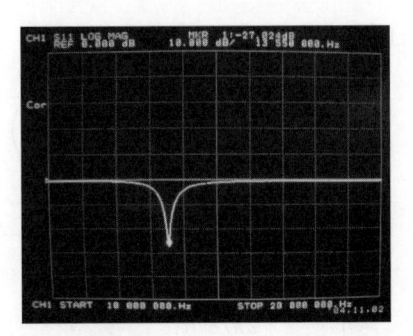

**写真 4.7** リターンロス特性

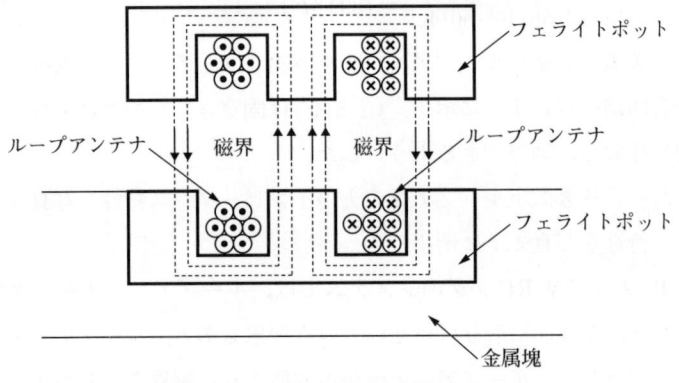

**図 4.15** RFタグを金属塊に埋め込むとき

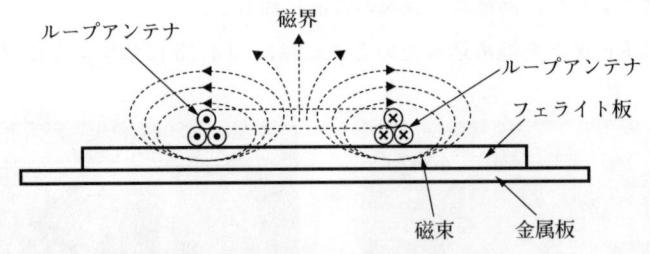

**図 4.16** ループアンテナを金属板に取り付けるとき

ポットを用いる方法も効果がある.磁束はフェライトポットの中を流れるので,金属塊での渦電流の発生を抑える.

金属面にRFタグを取り付けたいときには,図4.16に示すように,ループアンテナと金属板の間に高い誘電率を有する高周波損失の小さなフェライト板を挟

み込む．このフェライト板が渦電流の発生を抑制し，ループアンテナが発生する磁界の通り道を作ることにより，磁束は金属板を通らなくなる．

## （4） 線状アンテナ

電界放射型の基本的な線状アンテナは，ダイポールアンテナである．このアンテナは構造が簡単で利得も高いので，波長に比べて長い距離で通信を行う UHF 帯やマイクロ波帯の RF タグに用いられている．図 4.17 に RF タグシステムの概要を，写真 4.8 にダイポールアンテナの一例を示す．

### （4-1） 微小ダイポールアンテナ

線状アンテナを説明するにあたり，図 4.18 に示した座標系におけるダイポールアンテナの放射電磁界を以下に示す．長さ $l$ の導線に流れる電流を $I$，真空中の誘電率を $\varepsilon_0$ とすると，$l$ が波長に対して非常に短い微小ダイポールアンテナの放射電磁界は，

$$\begin{cases} E_R = \dfrac{Il\exp(-jkR)}{j2\pi\omega\varepsilon_0}\left(\dfrac{1}{R^3}+\dfrac{jk}{R^2}\right)\cos\theta \\ E_\theta = \dfrac{Il\exp(-jkR)}{j4\pi\omega\varepsilon_0}\left(\dfrac{1}{R^3}+\dfrac{jk}{R^2}-\dfrac{k^2}{R}\right)\sin\theta \\ H_\phi = \dfrac{Il\exp(-jkR)}{4\pi}\left(\dfrac{1}{R^2}+\dfrac{jk}{R}\right)\sin\theta \\ E_\phi = H_R = H_\theta = 0 \end{cases} \quad (4.20)$$

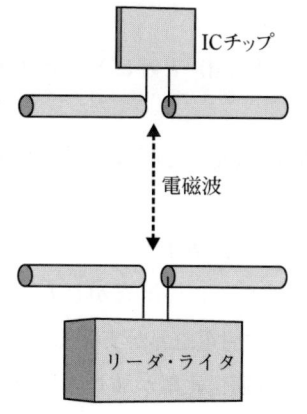

図 4.17　UHF 帯，マイクロ波帯の RF タグシステム

写真 4.8　ダイポールアンテナ

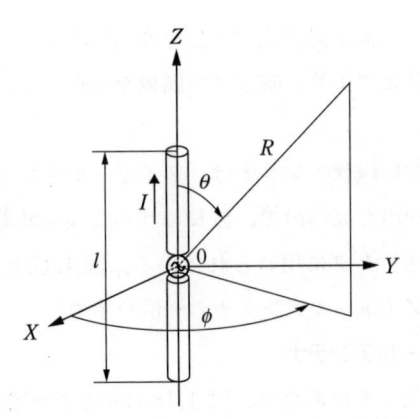

**図 4.18** 微小ダイポールアンテナの座標系

で与えられる．

放射電力 $P$ と放射抵抗 $R_r$ は，以下の式で求められる．

$$P = \frac{\pi \omega \mu_0}{3} \left( \frac{Il}{\lambda} \right)^2 \tag{4.21}$$

$$R_r = \frac{2\pi \omega \mu_0}{3} \left( \frac{l}{\lambda} \right)^2 \tag{4.22}$$

式(4.20)から，ダイポールアンテナの放射電磁界は，$1/R^3$, $1/R^2$, $1/R$ の3項より成り立つことがわかる．これらは，各々以下の意味を持つ．

$1/R^3$ に比例する項は準静電界（Quasi Static Field）と呼ばれ，静電界における双極子（ダイポール）による電界と等価になる．

$1/R^2$ に比例する項は誘導電磁界（Induction Field）と呼ばれ，ビオ・サバールの法則に従う誘導界である．

$1/R$ に比例する項は放射電磁界（Radiation Field）と呼ばれ，アンテナから空間に電力を放射するのに寄与する成分である．

これらの電界の振幅は，$R = \lambda/(2\pi)$ で一致する．表4.1に，$R = \lambda/100$, $R = \lambda/(2\pi)$, $R = 5\lambda$ の3距離で電界の振幅を比較した．この結果からもわかるように，$R \ll \lambda/(2\pi)$ では準静電界，$R \gg \lambda/(2\pi)$ では放射電磁界が支配的になる．

UHF 帯やマイクロ波帯の RF タグの通信では通信距離が波長に比べて長いので，$R \gg \lambda/(2\pi)$ の領域と考えてよい．

表 4.1 $R$ に対する電界の振幅の比較

| $R$ | 準静電界 | 誘導電磁界 | 放射電磁界 |
|---|---|---|---|
| $\lambda/100$ | 1 | 0.063 | 0.004 |
| $\lambda/(2\pi)$ | 1 | 1 | 1 |
| $5\lambda$ | 0.001 | 0.032 | 1 |

## (4-2) ダイポールアンテナの遠方放射電磁界

図 4.19 に示した座標系におけるダイポールアンテナの遠方放射電磁界を以下に示す．長さ $2l$ は，波長に対して無視できない大きさとする．この導線の電流分布を

$$I(z) = I \sin k(l-|z|) \tag{4.23}$$

とする．このときの放射電磁界は，以下の式で与えられる．

$$\begin{cases} E_\theta = j60I \dfrac{\exp(-jkR)}{R} \dfrac{\cos(kl\cos\theta) - \cos(kl)}{\sin\theta} \\ H_\phi = \dfrac{E_\theta}{120\pi} \end{cases} \tag{4.24}$$

## (4-3) 半波長ダイポールアンテナの遠方放射電磁界

図 4.19 に示した座標系におけるアンテナ素子長 $2l=\lambda/2$，すなわち半波長ダイポールアンテナの遠方放射電磁界を以下に示す．

$$\begin{cases} E_\theta = j60I \dfrac{\exp(-jkR)}{R} \dfrac{\cos\left(\dfrac{\pi}{2}\cos\theta\right)}{\sin\theta} \\ H_\phi = \dfrac{E_\theta}{120\pi} \end{cases} \tag{4.25}$$

このときの放射電力 $P$ は，

$$P = 15I^2\{\gamma + \ln(2\pi) + C_i(2\pi)\} \tag{4.26}$$

で与えられる．$\gamma$ はオイラー定数で 0.57721，$C_i(x)$ は余弦積分で，

$$C_i(x) = -\int_x^\infty \frac{\cos x}{x} dx \tag{4.27}$$

である．放射抵抗 $R_r$ は，以下のようになる．

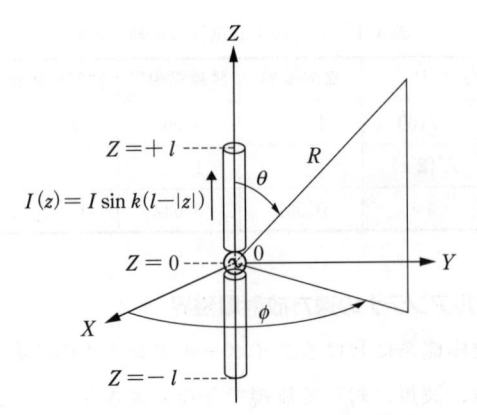

**図 4.19** ダイポールアンテナの座標系

$$R_r = \frac{2P}{I^2} \approx 73\,[\Omega] \tag{4.28}$$

### (4-4) ダイポールアンテナの近傍界も含めた放射電磁界

RF タグの通信システムでは，遠方界領域ではなく近傍界領域で通信することもある．そこで，近傍界も含めた放射電磁界を以下に示す．長さ $2l$ は，波長に対して無視できない大きさとする．ここで，ダイポールアンテナに流れる電流を式 (4.23) と同じく $I(z)=I\sin k(l-|z|)$ とすると，図 4.20 に示した座標系でダイポールアンテナの近傍界も含めた放射電磁界は以下の式で求められる．

$$\begin{cases} E_\theta = j30I\left\{\dfrac{2\exp(-jkR_0)}{R_0}\cos(kl) - \dfrac{\exp(-jkR_1)}{R_1} - \dfrac{\exp(-jkR_2)}{R_2}\right\} \\[6pt] E_R = j30\dfrac{I}{R}\left\{\dfrac{z+l}{R_1}\exp(-jkR_1) + \dfrac{z-l}{R_2}\exp(-jkR_2)\right. \\[6pt] \qquad\left. -\dfrac{2z}{R_0}\exp(-jkR_0)\cos(kl)\right\} \\[6pt] H_\phi = j\dfrac{I}{4\pi R}\{\exp(-jkR_1) + \exp(-jkR_2) - 2\exp(-jkR_0)\cos(kl)\} \end{cases} \tag{4.29}$$

### (4-5) 半波長ダイポールアンテナの近傍界も含めた放射電磁界

ダイポールアンテナと同様に，図 4.20 に示した座標系におけるアンテナ素子

長が $2l=\lambda/2$ の半波長ダイポールアンテナの近傍界も含めた放射電磁界を以下に示す．

$$\begin{cases} E_\theta = -j30I\left\{\dfrac{\exp(-jkR_1)}{R_1}+\dfrac{\exp(-jkR_2)}{R_2}\right\} \\ E_R = j30\dfrac{I}{R}\left\{\dfrac{z+\dfrac{\lambda}{4}}{R_1}\exp(-jkR_1)+\dfrac{z-\dfrac{\lambda}{4}}{R_2}\exp(-jkR_2)\right\} \\ H_\phi = j\dfrac{I}{4\pi R}\{\exp(-jkR_1)+\exp(-jkR_2)\} \end{cases} \quad (4.30)$$

## (4-6) 外部アンテナ付きのRFタグ

ここでは，900 MHz 帯や 2.45 GHz 帯の RF タグ用 IC チップに，外部アンテナとしてダイポールアンテナを用いたときのインピーダンス整合の考え方について述べる．ダイポールアンテナは，共振周波数の半波長より長くするとインダクティブに，短くするとキャパシティブにリアクタンス成分が見えてくる．この特性を利用し，アンテナと IC チップの入力インピーダンスを整合させる．筆者らが試作した RF タグ用 IC チップの入力インピーダンスは，図 4.21 に示すように $Z=R_c-jX$ となり，$R_c$ は 2 百数十 Ω，$-jX$ は数十 Ω のオーダーであった．よって，アンテナの給電点インピーダンスを $Z_a=R_a+jX$ とすると，$R_a$ には

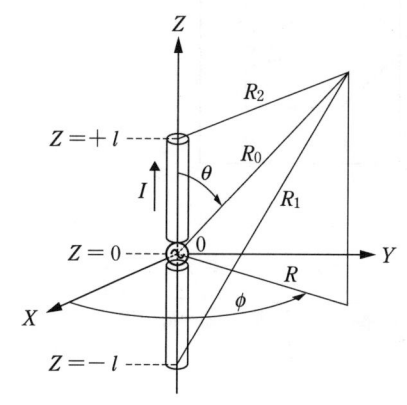

図 4.20　半波長ダイポールアンテナの座標系

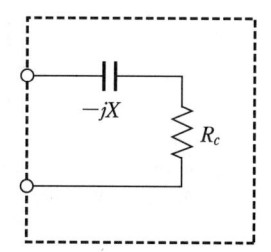

図 4.21　応答器のアンテナ端子から見た IC チップの内部等価回路

300 Ωの折り返し型ダイポールアンテナが適当と考えた．このアンテナは図 4.22 に示すように，その全長を長くすることにより $+jX$ 成分をアンテナ側で作り出している．この特性を利用して IC チップ内の $-jX$ のリアクタンス成分をキャンセルし，インピーダンス整合を行っている．

## (4-7) ダイポールアンテナの設計

ダイポールアンテナは，八木アンテナやパラボラアンテナの輻射器に採用されたり，アンテナの相対利得を測定するときの基準アンテナとしてもよく用いられる．構造がシンプルで，ダイポールアンテナ単体としての絶対利得も $+2.14$ dBi と高い．構造は図 4.23 に示すように，全長が半波長の放射素子に給電点を付加した構造である．ダイポールアンテナは基本的に平衡給電型のアンテナであるので，平衡型の給電線（平行 2 線給電線）はそのまま放射素子に接続できるが，不平衡型の給電線（同軸ケーブルなど）で給電する場合は，放射素子の給電点に平衡・不平衡の変換回路（バラン）を介して接続する必要がある．

ダイポールアンテナの給電点インピーダンスは，その全長が半波長となる周波

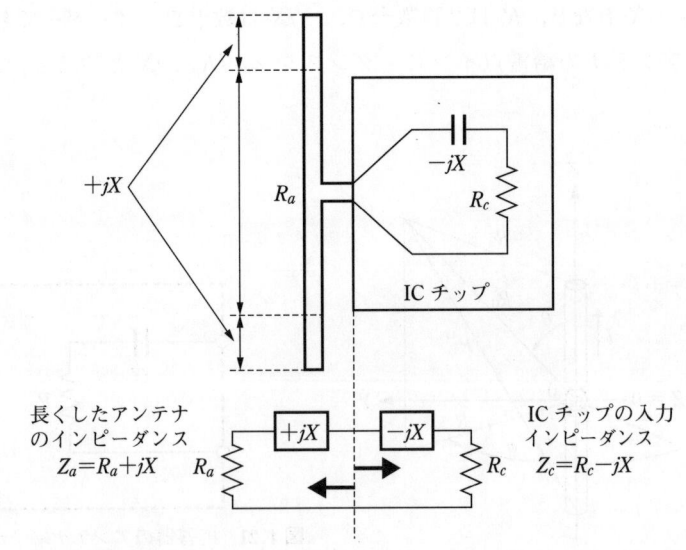

**図 4.22** アンテナと IC チップ間のインピーダンス整合

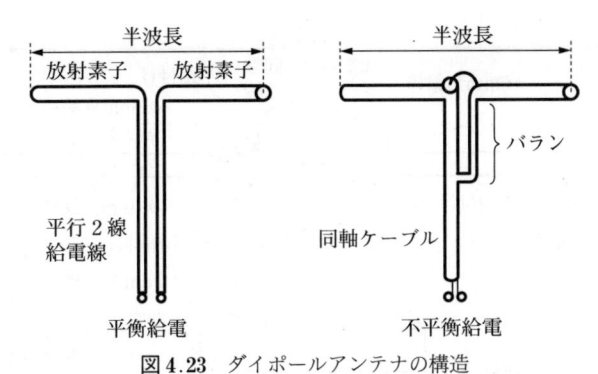

## 4.2 非接触ICカードとRFタグ用アンテナ

**図4.23** ダイポールアンテナの構造

数で $Z=73+j43\,[\Omega]$ となり，誘導性リアクタンス成分を持つ．

そこで，このリアクタンス成分をゼロとしてアンテナを共振させるために，放射素子の全長を自由空間の半波長に比べて若干短くすればよい．この短縮率は，放射素子となる導線やパイプなどの直径によって変わる．ダイポールアンテナの短縮率 $\eta\,(\%)$ は，以下の式で求められる．

$$\eta = 100 - \frac{9.82}{\log \frac{2\lambda}{d}} \,[\%] \tag{4.31}$$

ここで，$\lambda$ は自由空間における1波長の長さ，$d$ は放射素子の直径である．例として，図4.24に示すような放射素子に直径 3 mm の真鍮棒を用いて，アクティブタグの導入が現在検討されている 433 MHz 用のダイポールアンテナを設計する．同軸ケーブルで給電できるように，分岐導体によるバランを設けた．

設計周波数 $f=433\,[\mathrm{MHz}]$ の自由空間における1波長の長さは，

$$\lambda = \frac{300}{f} = \frac{300}{433} = 0.693\,[\mathrm{m}] \tag{4.32}$$

である．放射素子には直径 3 mm (=0.003 m) の真鍮棒を用いるので，その短縮率 $\eta$ は，

$$\eta = 100 - \frac{9.82}{\log \frac{2 \times 0.693}{0.003}} = 96.3\,[\%] \tag{4.33}$$

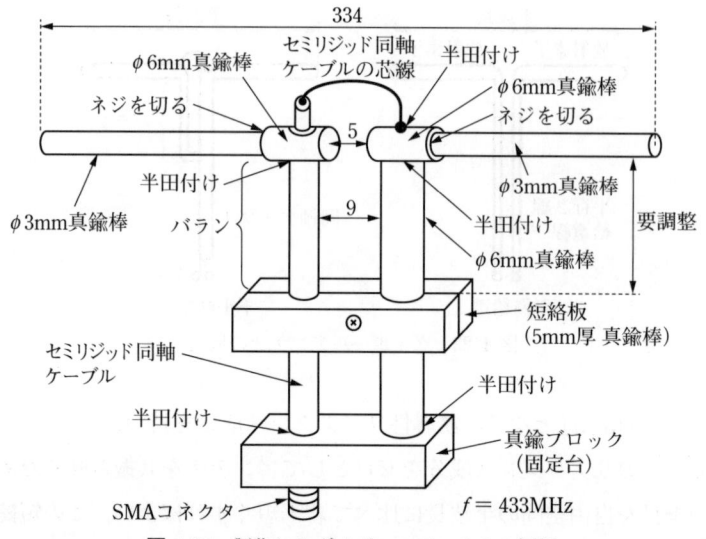

**図 4.24** 製作したダイポールアンテナの概要

**写真 4.9** 半波長ダイポールアンテナ

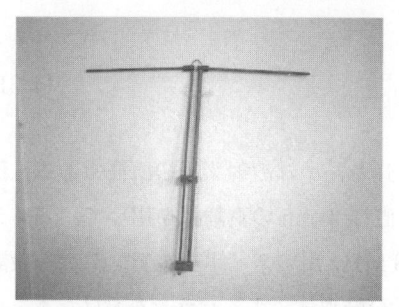

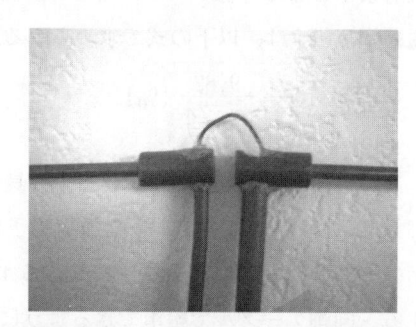

**写真 4.10** バランとアンテナ素子の接続部

したがって，放射素子の全長は，$0.693 \times 0.5 \times 0.963 = 0.334$ [m] となる．

分岐導体型のバランの長さは1/4波長であるが，短絡板によりその長さを調整できる構造とした．実際に製作した半波長ダイポールアンテナの各部の構造を，写真 4.9〜写真 4.12 に示す．

製作した半波長ダイポールアンテナのインピーダンス特性を写真 4.13 に，リターンロス特性を写真 4.14 に示す．

図 4.25 に示す座標系で本アンテナを水平偏波と垂直偏波に設置したときの水

写真 4.11　短絡板（ショートバー） 　　　写真 4.12　コネクタ（固定台）部

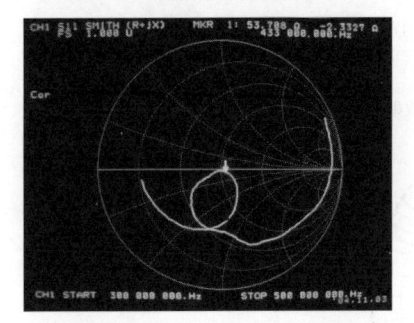

写真 4.13　インピーダンス特性 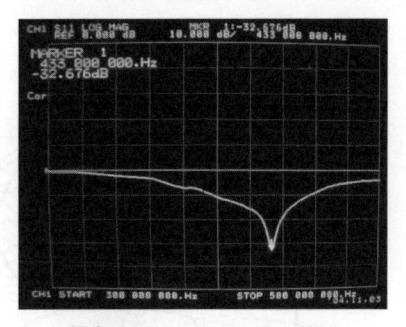　　　写真 4.14　リターンロス特性

平面内の放射指向特性を測定した．その結果を図 4.26 に示す．

## (5) パッチアンテナ

　リーダ・ライタ（質問器）のアンテナとして，パッチアンテナ（マイクロストリップアンテナ）が多用されている．その形状は写真 4.15 や図 4.27 に示すように，グラウンド板の上に基板を挟んで放射素子を配した平面アンテナである．基板の代わりに空気層のものもある．

　パッチアンテナはマイクロストリップ線路の幅を広げたものだが，線路の幅の狭いマイクロストリップ線路は電波を放射しない．その理由は，図 4.28 に示すように，伝送線路にはグラウンド面のミラー効果により映像伝送線路が存在するものと考えられ，この伝送線路と映像伝送線路には互いに逆向きの電流が流れるので，その各々の電流により発生する磁界は打ち消し合い，放射は起こらないか

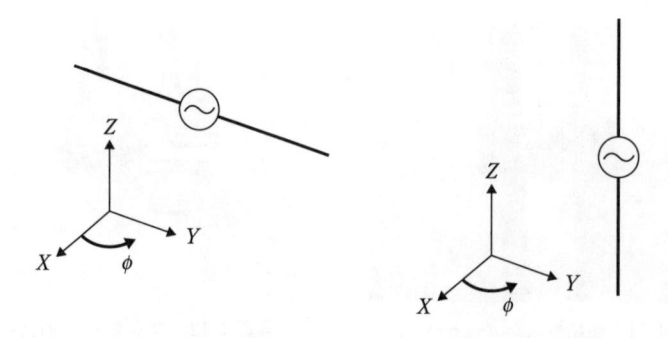

水平偏波の座標系 　　　　　垂直偏波の座標系

**図 4.25** 放射パタンを測定したときの座標系

放射パタン（ダイポールアンテナ）

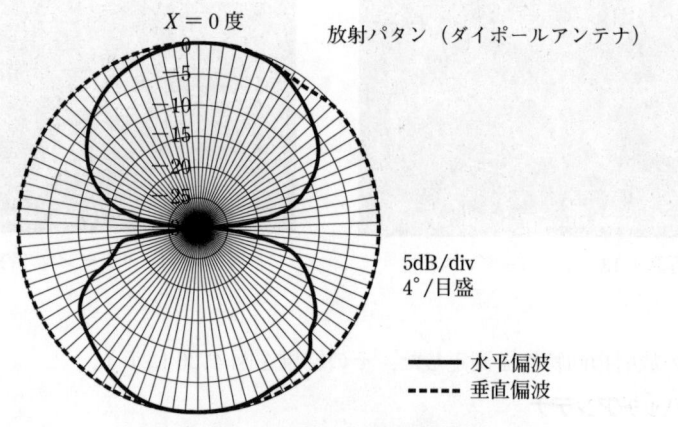

$X = 0$ 度

5dB/div
4°/目盛

―― 水平偏波
---- 垂直偏波

**図 4.26** 水平面内の放射指向特性

**写真 4.15** パッチアンテナの形状

**図 4.27** パッチアンテナの形状

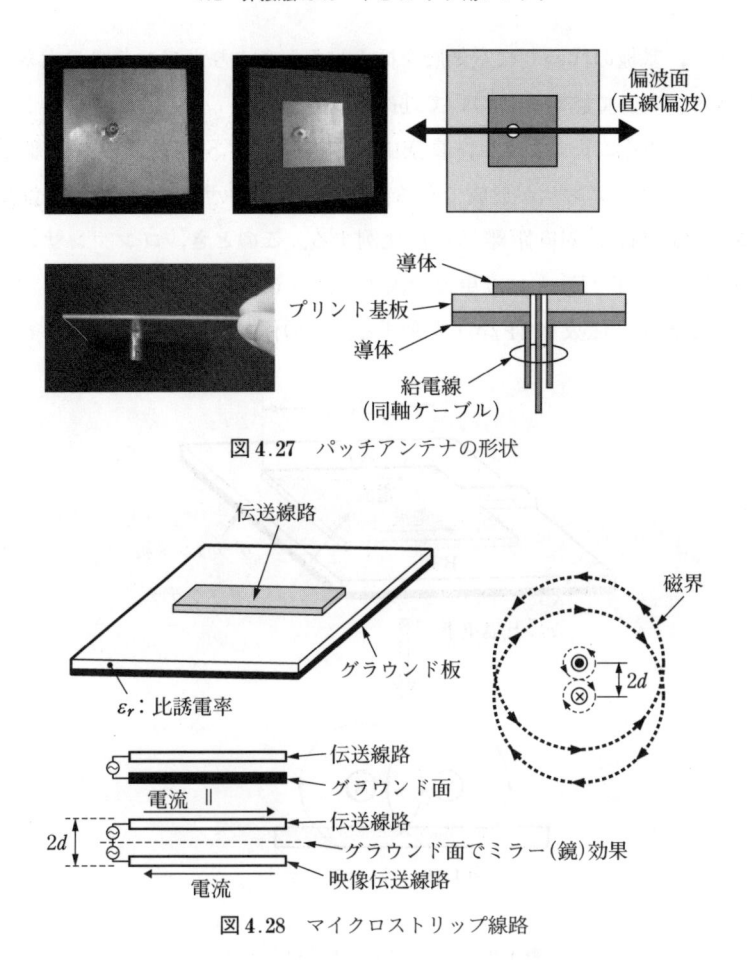

**図 4.28** マイクロストリップ線路

らである．マイクロストリップ線路と同じような形をしたパッチアンテナから電波を放射する理由は，図 4.29 に示すように，伝送線路に比べてパッチアンテナの放射部分の幅が広く流れる電流は図の A 辺と B 辺に集中して流れるからである．同じ方向に流れる電流により作られる磁界が，パッチ面の鉛直方向（グラウンド板と反対方向）へお互いに強め合って放射が起こる．パッチアンテナの利点と欠点を表 4.2 に示す．

プリント基板上にパッチアンテナを構成すると，基板の誘電率による波長短縮

効果により，基板の代わりに空気層を挿入したときよりもアンテナの大きさは小さくできる．ここで誘電率について述べる．

図 4.30 の左図に示すように，真空中に 2 枚の面積 $S$ の金属板を距離 $d$ で対向させると，コンデンサが形成できる．このコンデンサの静電容量 $C$ は金属板の面積 $S$ に比例し，対向距離 $d$ に反比例する．このとき，コンデンサの静電容量 $C$ をファラッド〔F〕という単位で表すには，その金属板の面積 $S$ を対向距離 $d$ で除した $S/d$ に係数 $\varepsilon_0$〔F/m〕を乗ずる．この係数を真空中の誘電率といい，

**図 4.29** パッチアンテナ

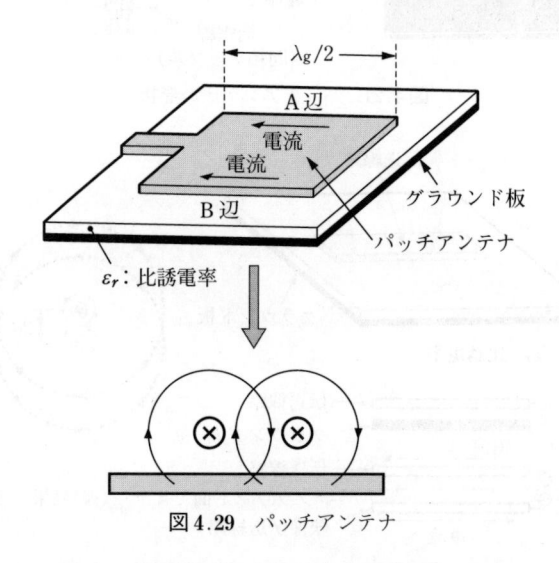

**表 4.2** パッチアンテナの利点と欠点

| 利　点 | 欠　点 |
|---|---|
| ①平面的でコンパクト | ①周波数帯域が狭い |
| ②小形・軽量化が容易 | ②周波数が高くなると以下の要因による損失 |
| ③機械的に安定 | 　が大きくなる |
| ④製作に印刷技術を利用できるため大量生産 | 　a) 誘電体損 |
| 　が容易 | 　b) 表皮効果 |
| ⑤マイクロストリップ線路と接続性がよい | 　c) 半田付け |
| ⑥比較的高利得 | 　d) コネクタの物理的な形状 |
| ⑦直線偏波，円偏波が簡単に作れる． | |

## 4.2 非接触ICカードとRFタグ用アンテナ

図の下:
$C = \varepsilon_0 \dfrac{S}{d}$

$\varepsilon_0 = 8.85 \times 10^{-12}$ 〔F/m〕
真空中の誘電率

$C = \varepsilon_r \varepsilon_0 \dfrac{S'}{d} = \varepsilon_r \dfrac{S'}{d}$

$\varepsilon_r$：比誘電率

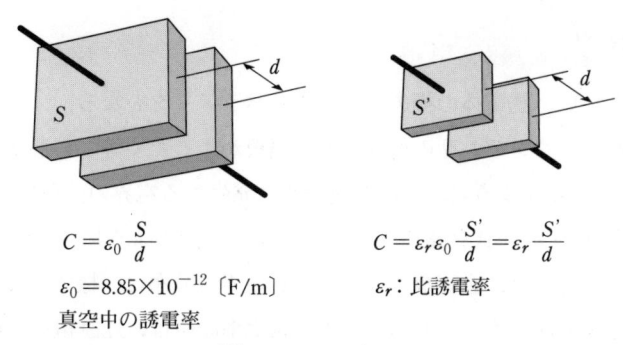

図 4.30　コンデンサ

$\varepsilon_0 = 8.85 \times 10^{-12}$ 〔F/m〕である．

$$C = \varepsilon_0 \dfrac{S}{d} \tag{4.34}$$

一方，図 4.30 の右図に示すように，真空中で金属板の面積が左図の $S$ よりも小さい $S'$ を対向距離 $d$ で配置したとき，この静電容量 $C'$ は

$$C' = \varepsilon_0 \dfrac{S'}{d} \tag{4.35}$$

となる．この $C'$ を $C$ と同じ値の静電容量にするには，$S'$ の金属板の間に誘電体を挟む．このとき，誘電体により金属板の面積があたかも拡張されたように見えるが，その面積の拡張された比率を比誘電率 $\varepsilon_r$ という．

$$C = \varepsilon_0 \dfrac{S}{d} = \varepsilon_0 \dfrac{\varepsilon_r S'}{d} = \varepsilon_r C' \tag{4.36}$$

一般的に誘電率 $\varepsilon$ は，真空中の誘電率を $\varepsilon_0$，比誘電率を $\varepsilon_r$ とすると，

$$\varepsilon = \varepsilon_r \varepsilon_0 \tag{4.37}$$

で表される．

誘電体が損失を伴うとき，比誘電率 $\varepsilon_r$ を，電気長を縮小する $\varepsilon_r'$ とその損失分 $\varepsilon_r''$ に分けて考え，複素数で表現する．$i$ は虚数単位（$i^2 = -1$）である．

$$\varepsilon_r = \varepsilon_r' - i\varepsilon_r'' \tag{4.38}$$

このとき，

$$\tan \delta = \frac{\varepsilon_r''}{\varepsilon_r'} \tag{4.39}$$

を誘電正接といい，誘電体の損失を判断するパラメータとなる．

ここで述べた，コンデンサの対向する金属板がまったく等しい形状のときは，図 4.31 の左図に示すように，その金属板間に発生する電界の分布は一様になる．このときの誘電率 $\varepsilon_r$ を比誘電率という．しかし右図のように，対向する金属板の形状が異なるときは，金属板間に発生する電界の分布は一様ではない．この場合の誘電率を実効誘電率 $\varepsilon_{rel}$ という．実効誘電率の値は，比誘電率の値よりも小さくなる．

以上に述べたように，誘電体にそわせた導体は，真空中に比べると電気長が短くなる．マイクロストリップ線路やパッチアンテナのように，対向する金属板の形状が異なる場合は，その短縮の比率を求めるときには実効誘電率を用いる．誘電率は面積 $S \to S'$ の縮小の比率であるので，これを長さ $L \to L'$ の短縮で考えると，実効誘電率の 1/2 乗に反比例する．

$$L' = \frac{L}{\sqrt{\varepsilon_{rel}}} \tag{4.40}$$

### (5-1) 具体的な方形パッチアンテナの設計

図 4.32 に示す形状の方形パッチアンテナの設計方法を具体的に述べる．パッチアンテナの給電点は放射素子の中心からずれた位置になるが，この位置によって給電点のインピーダンスが変わる．図 4.32 のパッチアンテナの場合は直線偏波のアンテナとなり，その偏波面は図 4.27 に示すように，放射素子の中心と給電点を結んだ直線の方向となる．

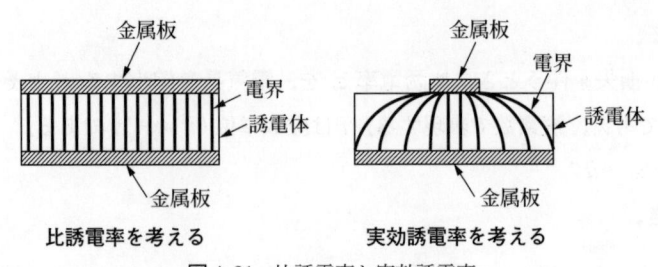

図 4.31 比誘電率と実効誘電率

## 4.2 非接触ICカードとRFタグ用アンテナ

$L=W=\dfrac{\lambda}{2\sqrt{\varepsilon_{rel}}}$

$\lambda$：自由空間での波長
122mm @ 2.45GHz
$\varepsilon_{rel}$：実効誘電率

$h=1.2$mmのガラスエポキシ基盤の比誘電率 $\varepsilon_r$：$4.8\, \varepsilon_r \fallingdotseq \varepsilon_{rel}$ と考えると，
W=27.8mm
W/h=23.2

$\varepsilon_{rel}$：実効誘電率
グラウンド板
パッチアンテナ放射素子
給電点

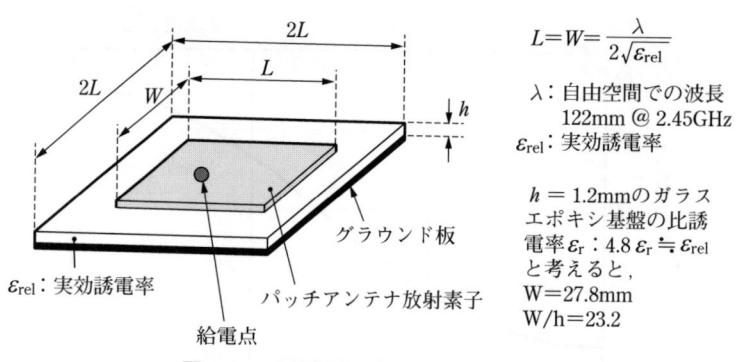

**図4.32** 直線偏波の方形パッチアンテナ

　図4.32中の長さ$L$は，設計する周波数の基板の実効誘電率$\varepsilon_{rel}$により波長短縮された1/2波長となる．ここで，自由空間での1波長の長さを$\lambda$，電気的に短縮された波長を$\lambda_g$とすると，図中の$L$の長さは以下の式で与えられる．ここでの設計では，(素子の長さ$L$)＝(素子の幅$W$)とする．

$$L=W=\dfrac{1}{\sqrt{\varepsilon_{rel}}}\dfrac{\lambda}{2}=\dfrac{\lambda_g}{2} \qquad (\text{式}4.30)$$

　プリント基板の比誘電率$\varepsilon_r$は，その値がプリント基板を挟んで対向させる金属の形状が同じであるので，一つに決められる値であるが，実効誘電率$\varepsilon_{rel}$の値は，プリント基板を挟んで対向させる金属の形状がユーザによってまちまちであるので，何らかのパラメータを決めて，それに対応する実効誘電率$\varepsilon_{rel}$を決める必要がある．ここで用いられるパラメータを，放射素子の幅$W$とプリント基板の厚さ$h$の比$W/h$とする．比誘電率$\varepsilon_r$のガラスエポキシ基板の$W/h$に対する筆者らが測定した実効誘電率$\varepsilon_{rel}$の関係は，図4.33に示すグラフのようになる．

　以下に，給電点インピーダンスが50Ωの，2.45GHz用方形パッチアンテナの設計の手順を述べる．

① 自由空間での2.45GHzの1波長$\lambda$の長さは，以下の式で与えられる．

比誘電率 $\varepsilon_r$: 4.8

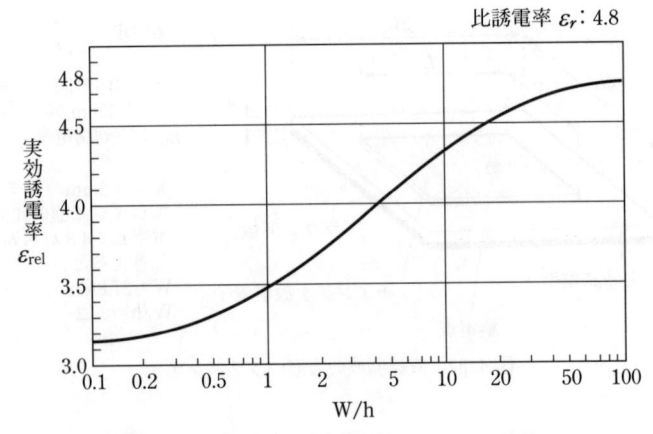

**図 4.33** 比誘電率 $\varepsilon_r$ と実効誘電率 $\varepsilon_{rel}$ の関係

$$\lambda = \frac{光速}{f} = \frac{300 \times 10^6 \,[\text{m}]}{2450 \times 10^6 \,[\text{Hz}]} = 0.122 \,[\text{m}] \tag{4.42}$$

② L の値を概略で決めるため，まず式(4.41)において，実効誘電率 $\varepsilon_{rel}$ の代わりに比誘電率 $\varepsilon_r$ を用いて計算する．ここで，使用するプリント基板に厚さ $h = 1.2$ mm のガラスエポキシ基板（比誘電率 $\varepsilon_r = 4.8$）を用いると，L と W は次の式で求められる．

$$L = W = \frac{1}{\sqrt{\varepsilon_r}} \frac{\lambda}{2} = \frac{1}{\sqrt{4.8}} \frac{0.122}{2}$$
$$= 0.0278 \,[\text{m}] = 27.8 \,[\text{mm}] \tag{4.43}$$

③ ここで，実効誘電率 $\varepsilon_{rel}$ を求めるために $W/h$ を計算すると，$27.8/1.2 \fallingdotseq 23.2$ となる．この値から，図 4.33 を用いて実効誘電率 $\varepsilon_{rel}$ を求めると，$\varepsilon_{rel} \fallingdotseq 4.6$ を得る．

④ この $\varepsilon_{rel} \fallingdotseq 4.6$ と式(4.41)を用いて L を再度計算すると，以下のようになる．

$$L = W = \frac{1}{\sqrt{\varepsilon_r}} \frac{\lambda}{2} = \frac{1}{\sqrt{4.6}} \frac{0.122}{2}$$
$$= 0.0284 \,[\text{m}] = 28.4 \,[\text{mm}] \tag{4.44}$$

⑤ ここで再度，より精度の高い実効誘電率 $\varepsilon_{rel}$ を求めるために $W/h$ を計算すると，$28.4/1.2 \fallingdotseq 23.7$ となる．この値から，図 4.33 を用いて実効誘電率 $\varepsilon_{rel}$

4.2 非接触ICカードとRFタグ用アンテナ

を求めると，$\varepsilon_{rel} ≒ 4.62$ を得る．

⑥ 以下，④と⑤の計算を数回繰り返すと，$L$ と $W$ の値を最適化することができる．

次に給電点の位置を決める．ここでは，背面から放射素子の内部に給電する方式を採用する．パッチアンテナは給電する位置により，給電点インピーダンスを変えることができる．図 4.34 に，実測値より求めたパッチアンテナの給電点の位置とインピーダンスの関係を示す．給電点のインピーダンスを 50 Ω としたいときは，グラフより，$a/L ≒ 27\%$ の給電点の位置を求めることができる．

以上でパッチアンテナを設計できるが，実際にはプリント基板の比誘電率 $\varepsilon_r$ にバラツキがあることや，図 4.33 と図 4.34 にも実測時の測定誤差が含まれるので，最終的には試作を行ってのカットアンドトライによる調整作業が必要になる．写真 4.16 に背面給電方式のパッチアンテナの写真を示す．

### (5-2) Qマッチセクションによる給電

図 4.35 に示すように，第 3 章で述べたマイクロストリップ線路の長さを $\lambda_g/4$ とすることによりインピーダンス変換を行うことができる Q マッチセクションを用いた給電方法もある．図 4.34 に示す $a = 0\%$ の位置のインピーダンスを実測したところ，約 220 Ω であった．従って，この 220 Ω と給電したいインピーダン

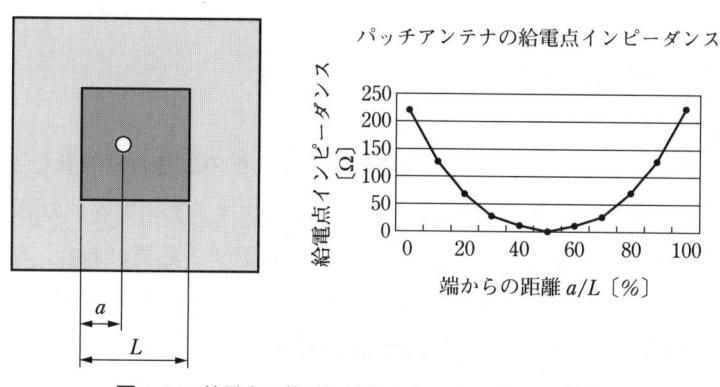

図 4.34 給電点の位置と給電点インピーダンスの関係

**写真4.16** 背面給電方式のパッチアンテナ

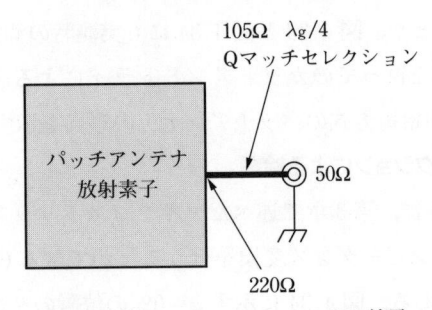

**図4.35** Qマッチセクションによる給電

ス50Ωのインピーダンス整合を行うためのQマッチセクションの特性インピーダンス $Z_t$ は，

$$Z_t = \sqrt{220 \times 50} \fallingdotseq 105 \tag{4.45}$$

となる．

Qマッチセクションとアンテナの放射素子は，その線路の幅が異なるため，各々に対する実効誘電率も異なる．したがってQマッチセクションの線路長は，放射素子の半分の長さと等しくならないことに注意する必要がある．写真4.17に，Qマッチセクションにより50Ωで給電したパッチアンテナの写真を示す．

### (5-3) 50Ωマイクロストリップ線路による給電

この給電方法は図4.36に示すように，放射素子の50Ωの給電点まで，給電線

4.2 非接触ICカードとRFタグ用アンテナ

写真 4.17 Qマッチセクション給電によるパッチアンテナ

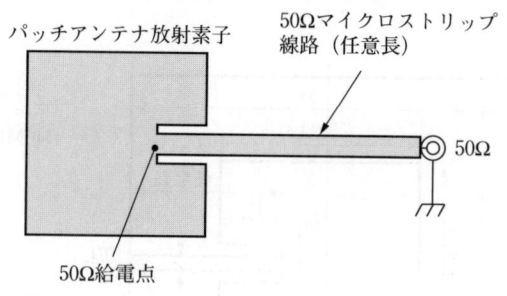

図 4.36 50 Ωマイクロストリップ線路による給電

写真 4.18 50 Ωマイクロストリップ線路給電によるパッチアンテナ

となる 50 Ωマイクロストリップ線路を引き込んだ形になっている．この方式では，50 Ωマイクロストリップ線路を任意長とすることができる．写真 4.18 に，50 Ω給電点に 50 Ωマイクロストリップ線路により直接給電を行ったパッチアンテナの写真を示す．

このアンテナを図 4.37 に示す寸法で，1.2 mm 厚両面ガラスエポキシ基板を用いて製作し，電気的特性を測定した．本アンテナの絶対利得を実測したところ，+5.4 dBi であった．

写真 4.19 にインピーダンス特性，写真 4.20 にリターンロス特性，図 4.38 に示す座標系で本アンテナを水平偏波と垂直偏波に設置したときの水平面内の放射指向特性の実測結果を図 4.39 に示す．

## (5-4) 円偏波の発生方法

今まで述べた方形パッチアンテナは直線偏波の放射を行っていたが，図 4.40

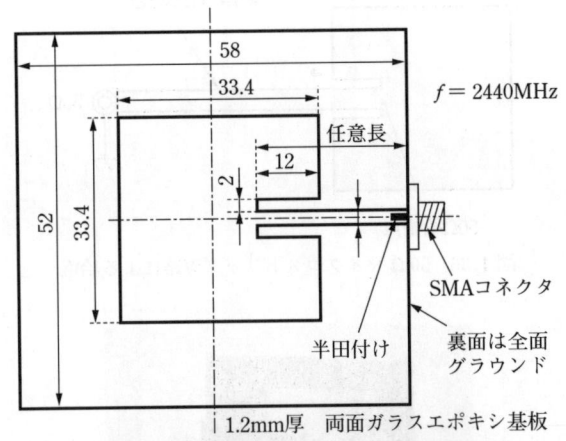

図 4.37 2450 MHz パッチアンテナの寸法図

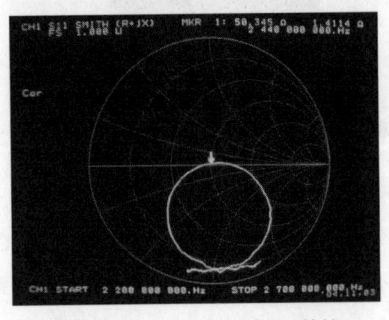

写真 4.19 インピーダンス特性

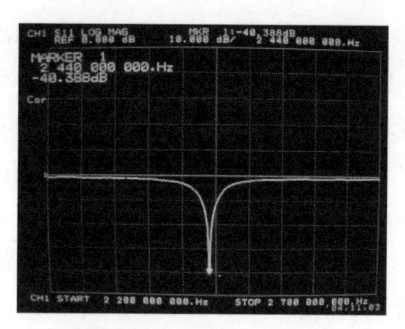

4.2 非接触ICカードとRFタグ用アンテナ

**写真 4.20** リターンロス特性

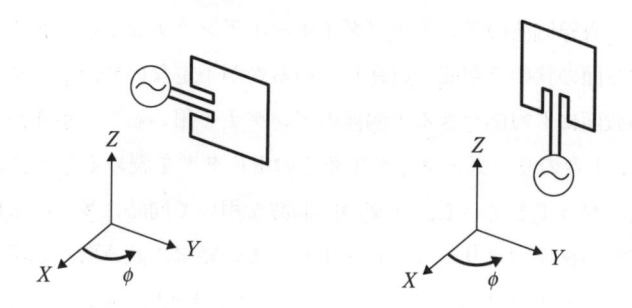

水平偏波の座標系　　　　　垂直偏波の座標系

**図 4.38** 放射パタンを測定したときの座標系

パッチアンテナ

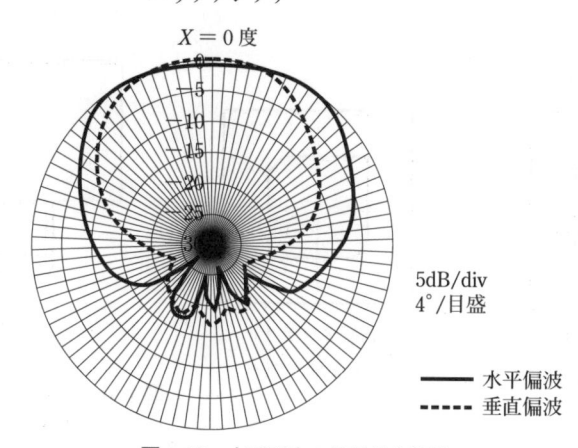

$X = 0$ 度

5dB/div
4°/目盛

——— 水平偏波
----- 垂直偏波

**図 4.39** 水平面内の放射指向特性

に示すように，方形パッチアンテナの放射素子の対角線関係にある二つの角の $L$ に対して約8%カットするだけで，方形パッチアンテナを簡単に円偏波（時間と共に偏波の向きが変わる）のアンテナとすることができる．円偏波の右旋と左旋の定義は，パッチアンテナの放射素子正面から見た偏波の旋回方向ではなく，電波を送り出す背後から見たアンテナの旋回方向をいう．

また，図4.41に示すように，方形パッチアンテナの直交（90°）する2辺の中点で給電する高周波信号の位相が90°ずれるように，180°の位相差を持たせたマイクロストリップ線路分配器による給電を行った円偏波の発生方法もある．

一般的に，直線偏波のアンテナ（ダイポールアンテナなど）を有するRFタグが，どの偏波面の状態で空間に点在しているかが不定なので，リーダ・ライタ側ではどの偏波面にも対応できる円偏波のアンテナを用いることが多かった．しかし最近では，1台のリーダ・ライタで多くのRFタグを読めることに重きをおくニーズが高くなってきている．従来の円偏波を用いて同時に多くのRFタグを読むときに電波の衝突（コリジョン）が生じ，その結果，読み取り効率の低下が問題となる．これを解決する方法のひとつとして図4.42に示すように，読み取りを行うたびにリーダ・ライタ側のアンテナに水平偏波と垂直偏波の2種類の直線偏波をスイッチで切り替える方式を採用する製品も見られるようになってきた．

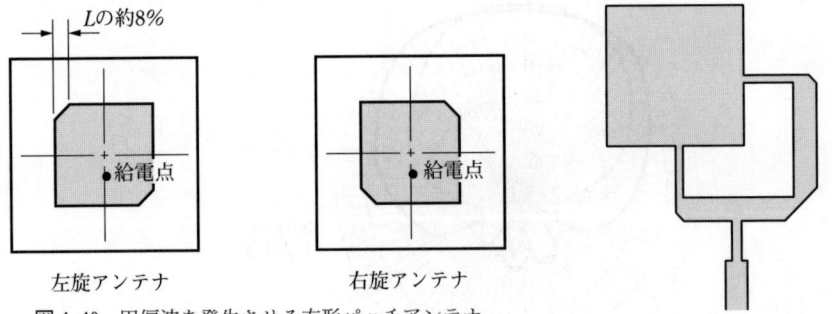

左旋アンテナ　　　　　右旋アンテナ

**図4.40** 円偏波を発生させる方形パッチアンテナ

**図4.41** 位相給電で円偏波を発生させる方形パッチアンテナ

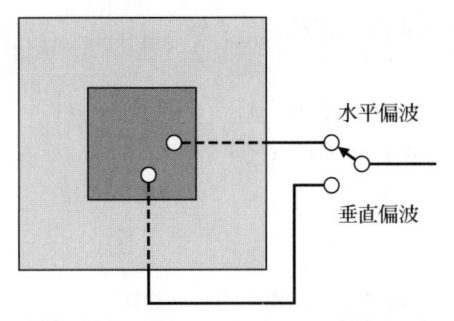

**図 4.42** 偏波面を切り替えることができる方形パッチアンテナ

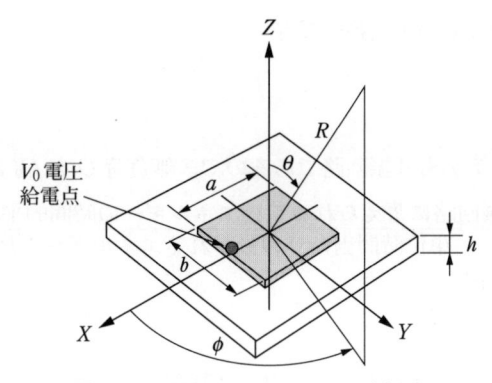

**図 4.43** 方形パッチアンテナの座標系

## (5-5) 方形パッチアンテナの基本特性
### ①放射パタン

図 4.43 の座標系における $L=\lambda_g/2$ の方形パッチアンテナの遠方放射電磁界を以下に示す．給電は，図の通りに放射素子の端に電圧給電するものとする．

$$\begin{cases} E_\theta = -j\dfrac{4V_0 k \exp(-jkR)}{\lambda R} \cos\left(\dfrac{ka}{2}\sin\theta\cos\phi\right)\sin\left(\dfrac{kb}{2}\sin\theta\sin\phi\right) \\ \qquad \times \left\{\dfrac{\sin\theta\sin\phi\cos\phi}{(k\sin\theta\cos\phi)^2 - \left(\dfrac{\pi}{a}\right)^2} + \dfrac{\sin\theta\sin\phi\cos\phi}{(k\sin\theta\sin\phi)^2}\right\} \end{cases}$$

$$\left| \begin{aligned} E_\phi = & -j\frac{4V_0 k \exp(-jkR)}{\lambda R} \cos\left(\frac{ka}{2}\sin\theta\cos\phi\right) \sin\left(\frac{kb}{2}\sin\theta\sin\phi\right) \\ & \times \left\{ \frac{\sin\theta\cos\theta\cos^2\phi}{(k\sin\theta\cos\phi)^2 - \left(\frac{\pi}{a}\right)^2} - \frac{\sin\theta\cos\theta}{(k\sin\theta)^2} \right\} \end{aligned} \right.$$

(4.46)

ここで，

$\begin{cases} V_0：放射素子の開放端に給電するピーク電圧 \\ k：自由空間での波数 \\ \lambda：自由空間での1波長の長さ \end{cases}$

である．

### ②放射効率 $\eta$

方形パッチアンテナも共振回路であるので，無負荷 $Q$ を $Q_0$ とおくと，

$$Q_0 = \omega \frac{共振回路に蓄えられる電磁エネルギーの時間的平均：W_\mathrm{r}}{単位時間当たりの失われるエネルギー：P_\mathrm{l}}$$

$$= \omega \frac{W_\mathrm{r}}{P_\mathrm{t} + P_\mathrm{r} + P_\mathrm{c}} \tag{4.47}$$

となる．

ここで，分母の「単位時間当たりに失われるエネルギー」は，放射損 $P_\mathrm{r}$，誘電体損 $P_\mathrm{d}$，プリント基板の裏表の導体の損失 $P_\mathrm{c}$ の合計となる．分子の「共振回路に蓄えられる電磁エネルギーの時間的平均」を $W_\mathrm{r}$ とおく．

放射による $Q$ を $Q_\mathrm{r}$ とすると，$\varepsilon_\mathrm{r} = 2$ を境にして，

**プリント基板の比誘電率 $\varepsilon_\mathrm{r} > 2$ のとき**

$$Q_\mathrm{r} = \frac{3}{8} \varepsilon_\mathrm{r} \frac{\lambda}{h} \tag{4.48}$$

**プリント基板の比誘電率 $\varepsilon_\mathrm{r} < 2$ のとき**

$$Q_\mathrm{r} = \left\{ \frac{\pi^2 \sqrt{\varepsilon_\mathrm{r}}}{(2\pi)^2 - 16\sqrt{\varepsilon_\mathrm{r}}} \right\} \left( \frac{\lambda}{h} \right) \tag{4.49}$$

と表される．方形パッチアンテナの放射効率を $\eta$ とすると，

$$\eta = \frac{Q_0}{Q_r} \tag{4.50}$$

となる．

### ③帯域幅 $BW$

帯域幅 $BW$ は，アンテナの電圧定在波比を VSWR とすると，

$$BW = \frac{\text{VSWR} - 1}{Q_0 \sqrt{\text{VSWR}}} \tag{4.51}$$

で表される．ここで，$Q_0$ の値はプリント基板の比誘電率 $\varepsilon_r$ に比例し，厚さ $h$ に反比例するので，$Q_0$ の低い値のプリント基板を用いると帯域幅を広くできる．

### ④指向性利得 $G_d$

アンテナにおける指向性利得は，指向性表示の式(4.46)を放射空間内で積分すればよい．$|E(\theta_0, \phi_0)|$ を主ビームの中心の電界とすると，

$$G_d(\theta, \phi) = \frac{4\pi |E(\theta_0, \phi_0)|^2}{\int_0^{2\pi} \int_0^{\pi/2} |E(\theta, \phi)|^2 \sin\theta d\theta d\phi} \tag{4.52}$$

で求められる．方形パッチアンテナの指向性利得の概略は，表4.3のようになる．

### (6) 八木・宇田アンテナ

周波数帯域は狭いが直線偏波で指向性が鋭く，利得の高いアンテナに八木・宇田アンテナがある．このアンテナは，1925 年に東北大学の八木秀次氏と宇田新

表4.3 方形パッチアンテナの指向性利得

| 比誘電率 $\varepsilon_r$ | 指向性利得 $G_d$ | プリント基板材質 |
|---|---|---|
| 1 | 約+10 dBi | 空気 |
| 2.3 | 約+7 dBi | デュロイド |
| 2.55 | 約+6.7 dBi | テフロンファイバーガラス |
| 4.8 | 約+6 dBi | ガラスエポキシ |
| 6.8 | 約+5.6 dBi | ベリリア |
| 10 | 約+5.3 dBi | アルミナ |

太郎氏によって発明された．特許は八木秀次氏の単独で国内外に出願されたため，八木アンテナと呼ばれることが多いが，研究や実用化に向けては宇田新太郎氏の功績が大きく，学会などでは両氏に敬意を表して八木・宇田アンテナと呼ばれることが多い．

当時，このアンテナは日本の学界はほとんど注目されなかったが，欧米の学会では注目されていた．また，欧米の軍部はこのアンテナをレーダに応用した．1942年，日本軍がシンガポールを占領したときにこのアンテナが見つけ出されたが，このときに捕虜として捕らえたイギリス兵が持っていた技術書によりこのアンテナが日本で発明されたことを知り，驚嘆したというエピソードが残っている．

形状は図4.44や写真4.21に示すものであり，後から反射器，輻射器（給電している素子），そしてその前に複数の導波器を並べた構造になっている．このアンテナは，導波器の方向に指向性を有している．輻射器には半波長ダイポールアンテナが用いられることが多い．導波器は輻射器よりも短く，反射器は輻射器よりも長い．導波器を増やすことで利得を上げることができるが，導波器をあまり多く増やしてもその利得は頭打ちになる．UHF帯やSHF帯では20素子構造程度までの八木・宇田アンテナが用いられている．八木・宇田アンテナの寸法例はいろいろな本で紹介されているが，近年ではパソコンで最適な八木・宇田アンテナの寸法が算出できるようになってきた．

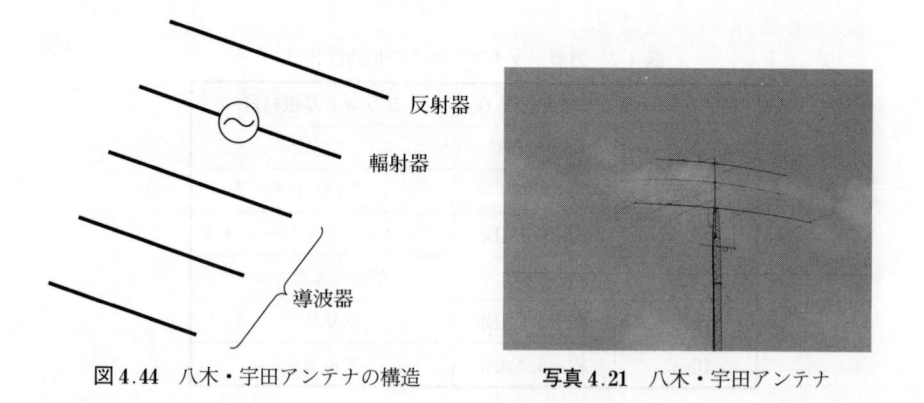

図4.44　八木・宇田アンテナの構造　　　写真4.21　八木・宇田アンテナ

## (6-1) 八木・宇田アンテナの動作原理

　八木・宇田アンテナの動作原理を説明する．図 4.45 に示すように，2 本の素子アンテナを 1/4 波長間隔で配置する．両方のアンテナに高周波信号を給電する場合，素子アンテナ b には素子アンテナ a よりも位相が 90° 進んだ高周波信号を加えるとする．素子アンテナ b により放射された電波が素子アンテナ a のところに到達すると，空間距離 1/4 波長を伝播してきたことになるので，360°×1/4＝90°の位相の遅れを生じる．素子アンテナ b の位相はもともと素子アンテナ a よりも位相が 90° 進んでいるので，素子アンテナ a の点では，素子アンテナ b から放射された電波と素子アンテナ a で放射された電波は同じ位相関係になる．したがって，点 A では各々の素子アンテナから放射された電波は同位相で合成されて強め合うことになる．

　一方，図 4.46 に示すように，素子アンテナ a より放射された電波が素子アンテナ b のところに到達すると，伝播遅延により 90°の位相遅れが生じる．素子アンテナ a の位相はもともと素子アンテナ b よりも位相が 90° 進んでいるので，素子アンテナ b の点では，素子アンテナ a から放射された電波と素子アンテナ b で放射された電波は逆の位相関係になる．したがって，点 B では各々の素子ア

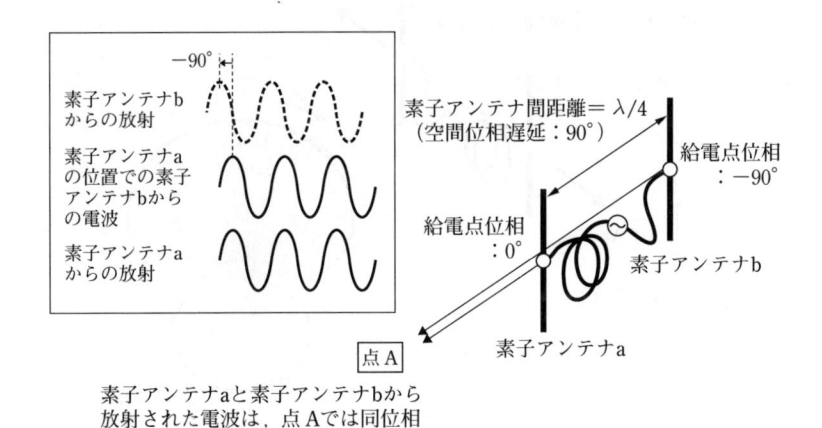

**図 4.45　八木・宇田アンテナの動作原理（その1）**

ンテナから放射された電波は，逆位相で合成されて弱め合う．

以上の動作原理から放射指向性を計算した結果を，図 4.47 に示す．

輻射器に高周波電流が流れているとその近傍には強い電磁界が生じ，そこに素子を置けば，直接給電しなくても電流が誘起されて放射が起こる．この素子を無

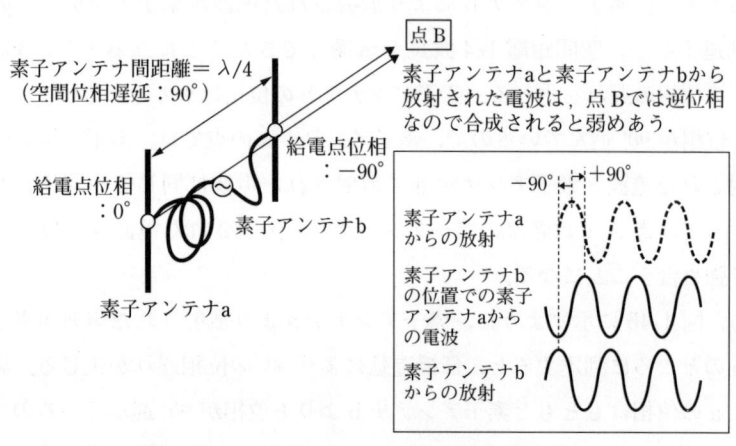

図 4.46　八木・宇田アンテナの動作原理（その 2）

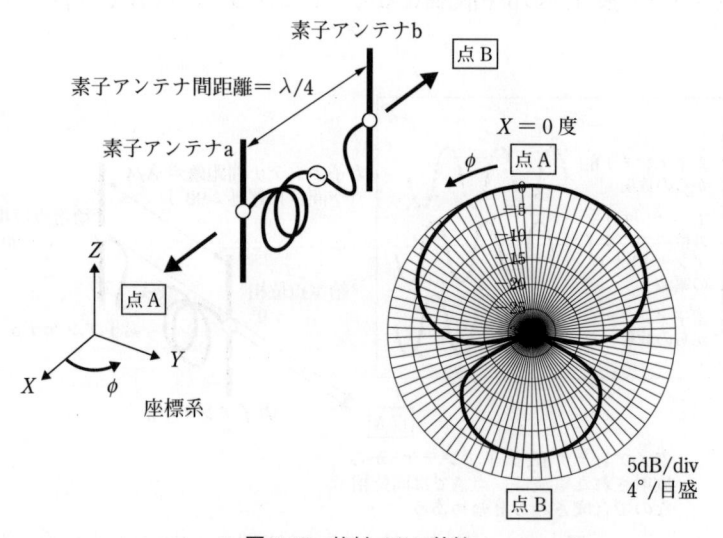

図 4.47　放射パタン特性

給電素子(パラスティックエレメント)という．図4.48に示す3素子八木・宇田アンテナは，反射器と輻射器と導波器の3種類の素子(エレメント)で構成されている．輻射器に比べて反射器の長さは長く，導波器の長さは短くなっている．輻射器には半波長ダイポールアンテナが用いられるが，共振している周波数での給電点インピーダンスは抵抗成分のみとなる．このとき，輻射器の長さは(4-7)項で述べたように，空間中の半波長より若干短くなる．反射器はアンテナの素子が輻射器の長さより長い誘導性リアクタンス($Z=R+jX$)となり，導波器は輻射器の長さより短い容量性リアクタンス($Z=R-jX$)となる．誘導性リアクタンスをもつということは，その動作はコイルと同様に位相を90°進め，容量性リアクタンスをもつということはコンデンサと同様に位相を90°遅らせることになる．

八木・宇田アンテナは，輻射器の前後に輻射器と異なる長さの無給電素子の反射器と導波器を付加することにより，輻射器から導波器方向に強く電波を放射し，輻射器から反射器方向には電波の放射が少なくなるようにしている．以上が，放射特性に指向性をもつ八木・宇田アンテナの動作原理である．

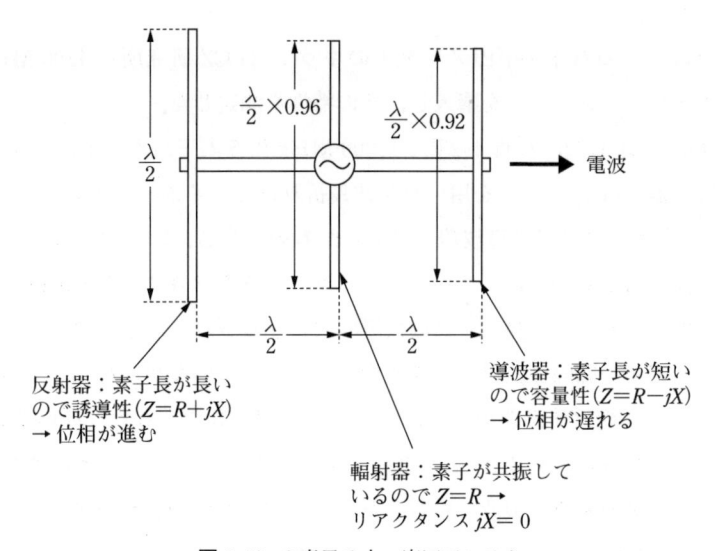

図4.48 3素子八木・宇田アンテナ

実際の八木・宇田アンテナの設計では，利得を最大にしたり，F/B（前後）比を高くするなどの目的に応じて反射器，輻射器，導波器の間隔を正確な1/4波長ではなく，最適化された長さとしている．

## (6-2) 1,200 MHz 5素子八木・宇田アンテナ

八木・宇田アンテナの輻射器には平衡型のダイポールアンテナを用いることがほとんどであるが，一方，給電線には不平衡型の同軸ケーブルを使用することが多いので，バランを用いなければならない．また，輻射器の給電点インピーダンスが給電線の特性インピーダンスと等しいときは，直接アンテナと給電線を接続できるが，そのような場合は非常にまれで，ほとんどの場合はアンテナの給電部分にインピーダンス整合回路を設ける必要がある．八木・宇田アンテナでは，反射器や導波器のような無給電素子が付加されることにより，輻射器の給電点のインピーダンスが低下するので，その給電点のインピーダンスを同軸ケーブルのインピーダンスに近づけるために，輻射器には折り返しダイポールアンテナを用いているものもある．ダイポールアンテナを折り返しダイポールアンテナ構造にすると，給電点インピーダンスは4倍になり，平衡型給電線でも不平衡型給電線でも給電できる．

市販されている八木・宇田アンテナのキット（FCZ研究所の1200 MHz用5素子八木・宇田アンテナ）を購入し，その特性を測定した．

図4.49，写真4.22，写真4.23に1,200 MHz用5素子八木・宇田アンテナを示す．輻射器にはUバランを用いた半波長折り返しダイポールアンテナを用い，1素子の反射器と3素子の導波器を付加したものである．Uバランは，平衡・不平衡の変換を行うと同時に，その入出力インピーダンスを1（不平衡側）：4（平衡側）に変換する．素子長寸法は取扱説明書に記載されていたのでそのまま引用したが，各素子の間隔寸法は取扱説明書に記載されていなかったので実測した．

本アンテナの絶対利得を測定したところ，+9.3 dBiであった．写真4.24にインピーダンス特性，写真4.25にリターンロス特性，図4.50に示す座標系で本アンテナを水平偏波と垂直偏波に設置したときの水平面内の放射指向特性の実測結果を図4.51に示す．

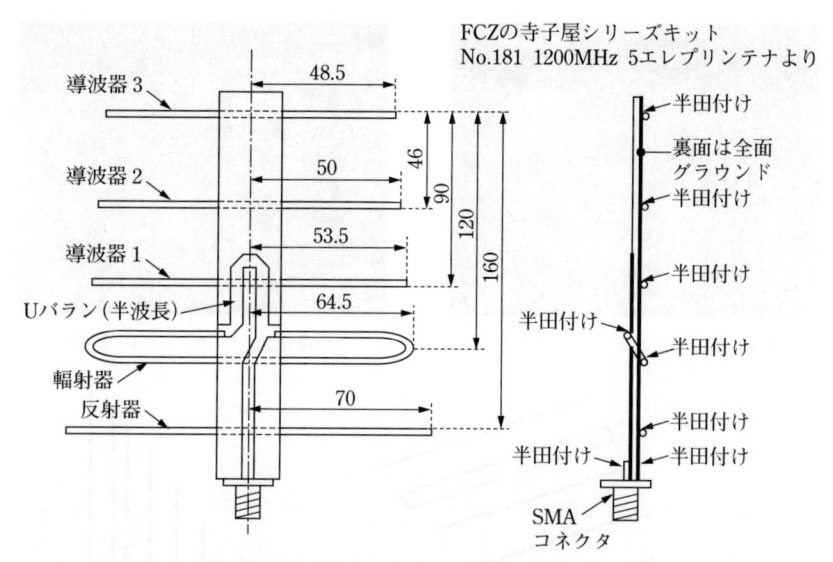

図 4.49　1,200 MHz 5素子八木・宇田アンテナ

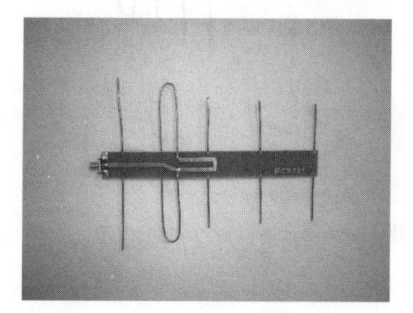

写真 4.22　1,200 MHz 5素子八木・宇田アンテナ（表面）

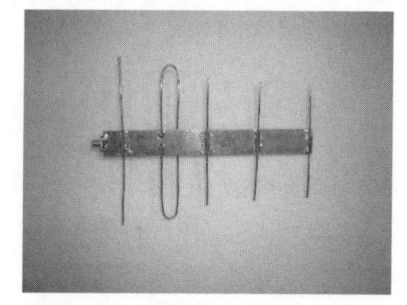

写真 4.23　1,200 MHz 5素子八木・宇田アンテナ（裏面）

## （7）ホーンアンテナ

　ミリ波の無線通信システムでは，導波管と接続性のよい直線偏波のホーンアンテナがよく用いられる．写真 4.26 と図 4.52 にその概要を示す．所望の絶対利得を $G_a$〔dBi〕とすると，図中の各寸法は以下の式によって求められる．

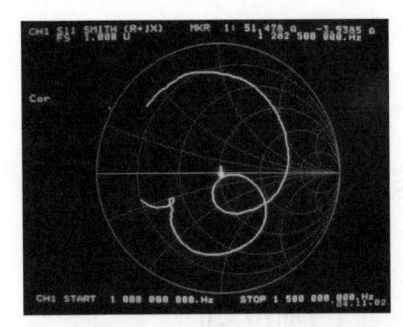

写真4.24 インピーダンス特性 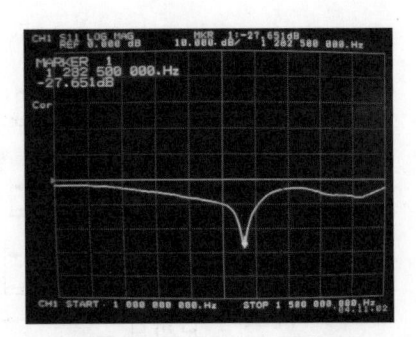　　　　写真4.25 リターンロス特性

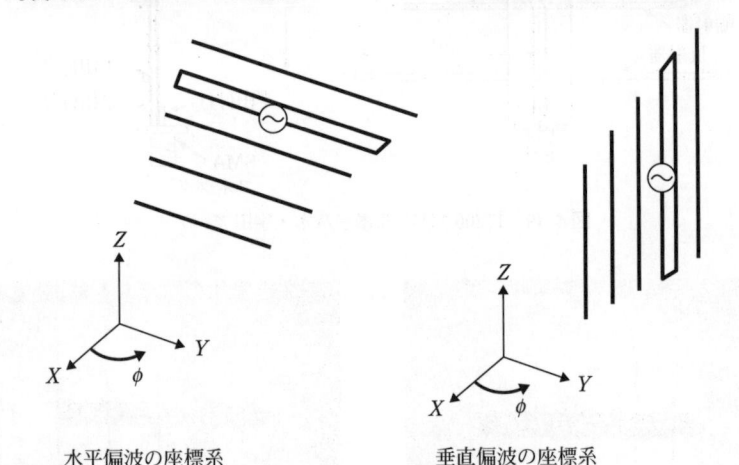

水平偏波の座標系　　　　垂直偏波の座標系

図4.50 放射パタンを測定したときの座標系

$$\begin{cases} A = 0.443\lambda\sqrt{10^{\frac{G_a}{10}}} \\ B = 0.359\lambda\sqrt{10^{\frac{G_a}{10}}} \\ L = 0.654\lambda\sqrt{10^{\frac{G_a}{10}}} \end{cases} \tag{4.53}$$

(8) 電流と磁流からの放射レベルが等しいアンテナ

　長谷部望氏（日本大学），長澤総氏（双葉電子工業）と筆者の根日屋が考案した，小形で高利得のループアンテナのスパイラルリングアンテナ（電子情報通信

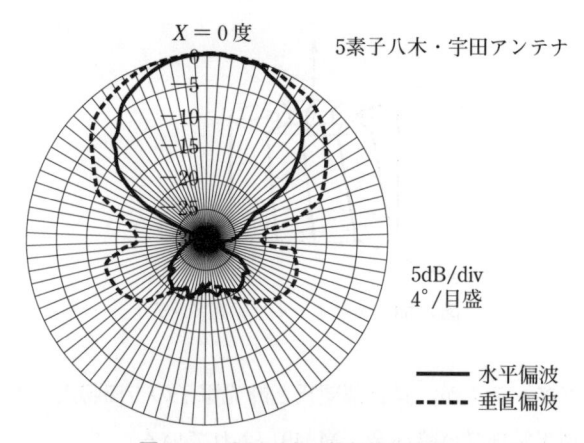

4.2 非接触ICカードとRFタグ用アンテナ

**図 4.51** 水平面内の放射指向特性

**写真 4.26** ホーンアンテナ

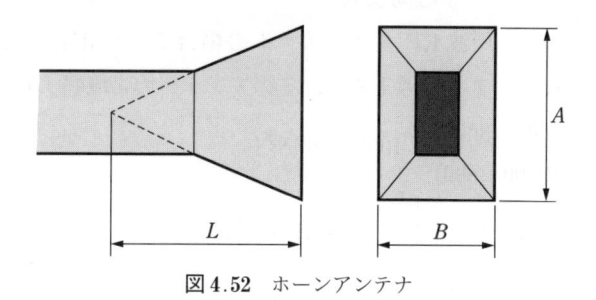

**図 4.52** ホーンアンテナ

学会論文誌（B），Vol. J 82-B, No. 1）を，図 4.53 に示すように，その断面を方形化することにより電流と磁流からの放射のレベル差をほぼ 0 dB にした変形ス

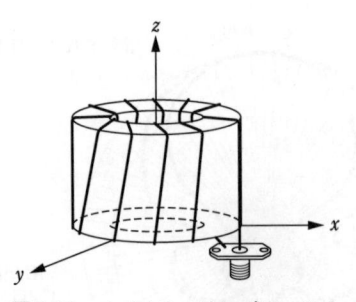

図4.53 スパイラルリングアンテナ

パイラルリングアンテナが，長谷部望氏と峰光電子の吉田勝氏により提案（1999年，日本大学理工学部学術講演会，M-49）されている．

## 4.3　広帯域アンテナ

900 MHz 帯/2.45 GHz 帯の 2 周波 RF タグシステムが実用化されると，アンテナの複共振化や広帯域化のニーズも高くなる．以下に，UWB にも対応するようなアンテナ設計のヒントついて記す．

ここで，アンテナの帯域 $BW$ の定義を

$$BW\,[\%] = \frac{\text{最高周波数} - \text{最低周波数}}{\text{中心周波数}} \times 100 \tag{4.54}$$

とする．例として，2 周波 RF タグシステムの場合で 800 MHz～2,500 MHz をカバーするようなアンテナを考えると，そのアンテナの帯域幅 $BW$ は

$$BW = \frac{2500 - 800}{\frac{1}{2}(2500 + 800)} \times 100 = 148\,[\%] \tag{4.55}$$

となる．UWB システム（3.1～10.6 GHz）では

$$BW = \frac{10.6 - 3.1}{\frac{1}{2}(10.6 + 3.1)} \times 100 = 109\,[\%] \tag{4.56}$$

となる．本節では，UWB 帯域のような 150％という超広帯域特性を得られるよ

うなアンテナを考える．

## 4.3.1 無給電素子の付加

電子回路では，図 4.54 の左図に示すような一つの並列共振回路の帯域を広げたい場合には，右図のように共振周波数がわずかに異なる二つの共振回路を小容量のコンデンサで疎結合したスタガ同調回路を用いる．

アンテナでも同様な広帯域化の方法がある．それは，図 4.55 に示すように，一つの共振回路に相当する給電点を有する放射素子に，共振周波数の若干異な

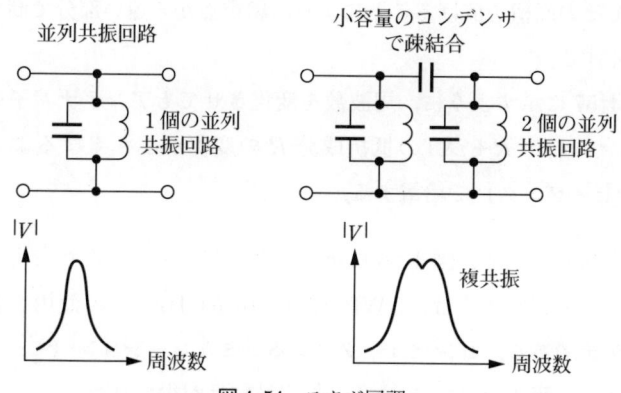

図 4.54　スタガ同調

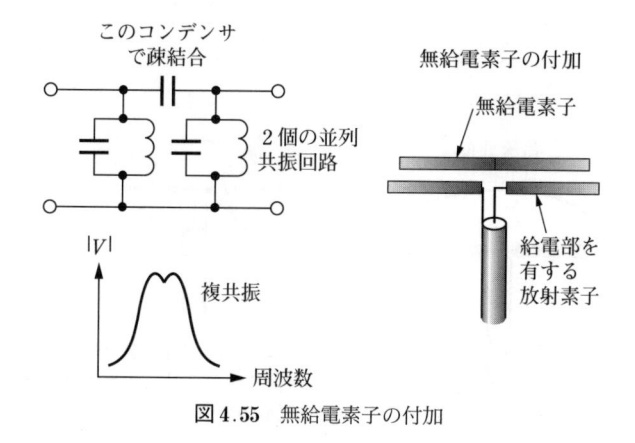

図 4.55　無給電素子の付加

無給電素子を付加し，それらが疎結合するように素子を配置することによって帯域を広げる方法である．しかしこの広帯域化の方法は，超広帯域といわれるほどの特性は期待できない．

### 4.3.2　放射素子の面状化と反共振

筆者らは現在，アンテナの広帯域化へのアプローチとして，以下の2点に着目している．

**高周波電流の分散**：図 4.56 に示すように，放射素子の形状を，給電点から離れるにつれてその面積を広げることにより，給電点から遠い部分で高周波電流の密度を低くする．

**反共振**：図 4.57 に示すように，周波数を変化させてもアンテナ素子の給電点インピーダンス（$Z=R+jX$）の抵抗成分 $R$ の変化が小さくなるように，電圧（ハイインピーダンス）で給電する．

この2点を織り込んで，図 4.58 に示すようなアンテナの形状を考案（意匠登録済）した．このアンテナは，UWB（3.1～10.6 GHz）での使用を意識した超広帯域アンテナである．コンピュータによるシミュレーション（モーメント法）を行ったところ，図 4.59 に示すような超帯域特性が得られた．

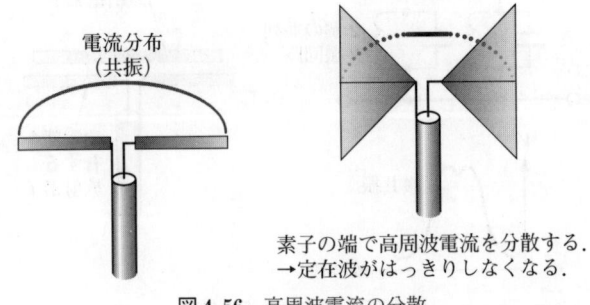

図 4.56　高周波電流の分散

## 4.3 広帯域アンテナ

電流分布
（共振）
電流給電

共振周波数近辺での給電点
インピーダンスの抵抗成分
$R$の変動が大きい．

電流分布
（反共振）
電圧給電

共振周波数近辺での給電点
インピーダンスの抵抗成分
$R$の変動が小さい．

図 4.57　反共振

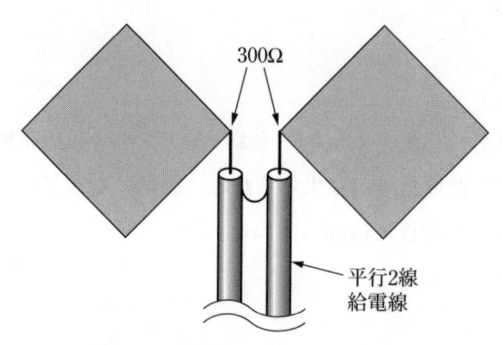

300Ω

平行2線
給電線

図 4.58　広帯域アンテナの素子形状

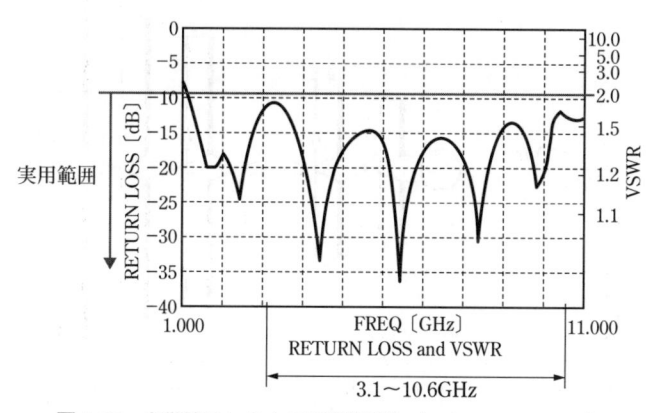

実用範囲

FREQ〔GHz〕
RETURN LOSS and VSWR
3.1〜10.6GHz

図 4.59　広帯域アンテナの周波数特性（シミュレーション）

### 4.3.3 自己補対型アンテナ

　自己補対型の構造を持つアンテナも，非常に広帯域な特性を有する．その例としては，図 4.60 に示すような直線偏波のログペリオディック（対数周期型）ダイポールアンテナがある．アンテナのインピーダンスが変動しないように一つ目の放射素子から給電し，さらに一つごとに位相反転給電を行う．この給電方法の利点は，インピーダンス整合器を用いることなく広帯域特性が得られること，周波数により放射特性がほとんど変わらない単一指向性が得られることである．このアンテナには，以下の式に示すような幾何学的な関係がある．ここで，$\gamma$ は対数周期の条件，$\alpha$ を自己補対の条件という．

$$\begin{cases} \gamma = \dfrac{x_{n+1}}{x_n} = \dfrac{L_{n+1}}{L_n} \\ \tan \alpha = \dfrac{L_n}{x_n} \end{cases} \quad (4.57)$$

　しかし，このログペリオディックダイポールアンテナは広帯域特性を有しているが，周波数による群遅延量が変化するため，話題になっているインパルス状の電波の送受信を行う UWB には向いていない．

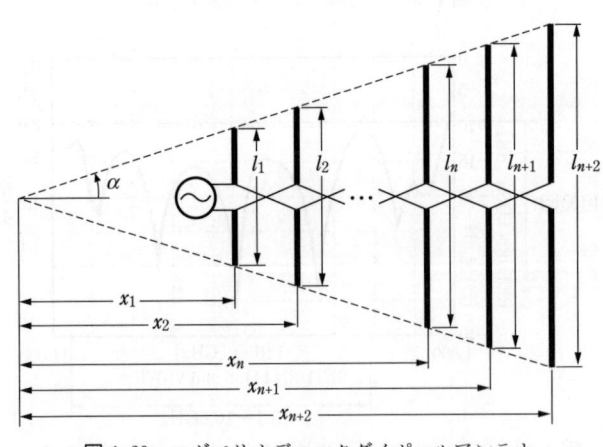

図 4.60　ログペリオディックダイポールアンテナ

### 4.3.4　板状広帯域アンテナ

　岡野好伸氏が「TV-UHF帯用板状広帯域アンテナの開発」(電子情報通信学会論文誌 (B), Vol. J85-B, No. 8) を発表した．図4.61に示すこのアンテナは，無給電素子の装荷や特別なインピーダンス整合回路を必要とせず，広帯域に同軸ケーブルの特性インピーダンスを合わせることができる．給電点インピーダンスを75Ωに設計したとき，アンテナ単体でのVSWRが2以下の周波数帯域は約40%であり，反射板を併用すると，VSWRが1.7以下の周波数帯域は約50%となる．絶対利得は+7.6～+8.2 dBiと報告されている．

　筆者らもこのアンテナの実験を行い，報告通りの電気的特性が得られており，再現性の高いアンテナといえる．

### 4.3.5　ディスコーンアンテナ

　図4.62と図4.63に，水平面内無指向性のディスコーンアンテナを示す．非常に帯域特性も広く，周波数による群遅延の変化も小さい．使用最低周波数を$f_\text{Low}$とすると，給電点インピーダンスを50Ωとするときの図中の各部の寸法は，次式で与えられる．

$$\begin{cases} L = \dfrac{75000}{f_\text{Low}\,[\text{MHz}]}\,[\text{mm}] \\ D = \dfrac{52500}{f_\text{Low}\,[\text{MHz}]}\,[\text{mm}] \end{cases} \tag{4.58}$$

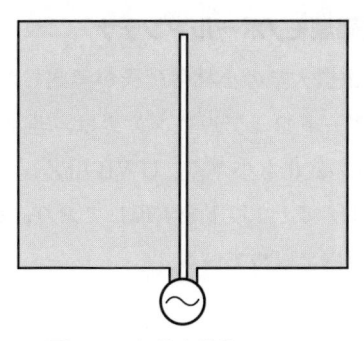

図4.61　板状広帯域アンテナ

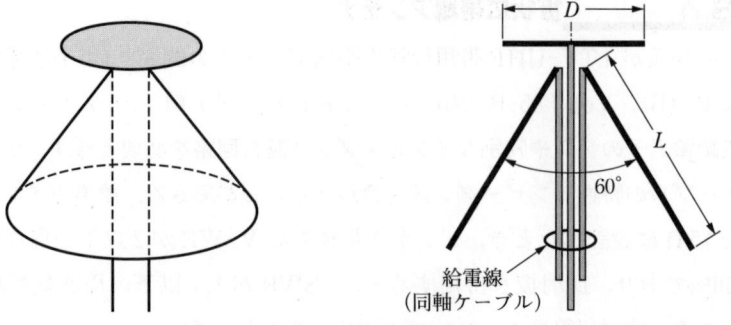

図 4.62　ディスコーンアンテナ

図 4.63　ディスコーンアンテナの設計

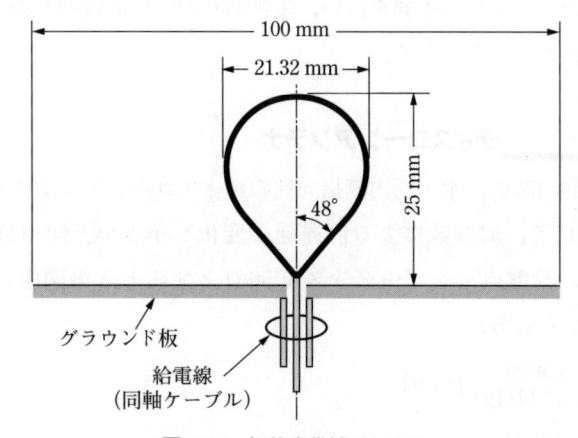

図 4.64　板状広帯域アンテナ

### 4.3.6　広帯域モノポールアンテナ

図 4.64 に示す，東京電機大学の小林岳彦氏が考案した水平面内無指向性の広帯域モノポール（ティアードロップ）アンテナは，非常に広帯域の特性が得られ，周波数による群遅延の変化も小さく，UWB 用アンテナとして適している．VSWR は 3 GHz～20 GHz で 1.3 以下を実現しており，利得も $-2$ dBi で，周波数による偏差を $\pm 2$ dB 以内に収めている．

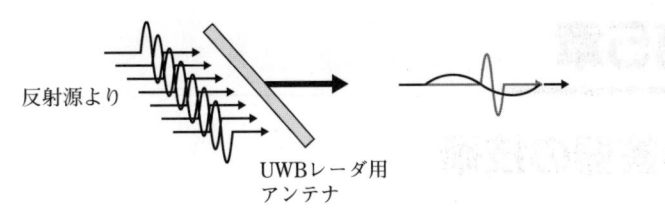

図 4.65　板状広帯域アンテナ

### 4.3.7　モノパルスを受信するアンテナの問題点

　UWB レーダやインパルスラジオのように，パルス幅が非常に狭いモノパルスの電波を使ってセンシングや通信を行うシステムにおいては，図 4.65 に示すように，アンテナの開口面が電波の反射源に向いていない場合はアンテナで電波を受信した段階でその波形が時間のずれた複数のインパルスの合成波形となる．これは，アンテナ開口面の向きによって，波源の送信波形と異なる波形を受信してしまう波形ひずみの問題となる．

　その他，送信機からインパルスの波形を送信すると，その放射方向によってインパルスの波形の形状が変わってしまう空間分散特性なども考えられる．これらを踏まえると，インパルスラジオや UWB レーダ用のアンテナとして注意しなければならないことは，以下の 4 点が挙げられる．

① 広帯域特性
② 変化の少ない群遅延特性
③ 波形ひずみ
④ 空間分散特性

# 第5章

# 応答器の技術

ユビキタス社会では，人や物の自動認識技術を確立させ，安全で快適な日常生活をおくれる世の中を目指す．本章では，人や物の自動認識を行うキーディバイスとなる「応答器（非接触ICカードとRFタグ）」についての概要を述べる．

## 5.1　非接触ICカードの構成

### 5.1.1　非接触ICカードの通信動作

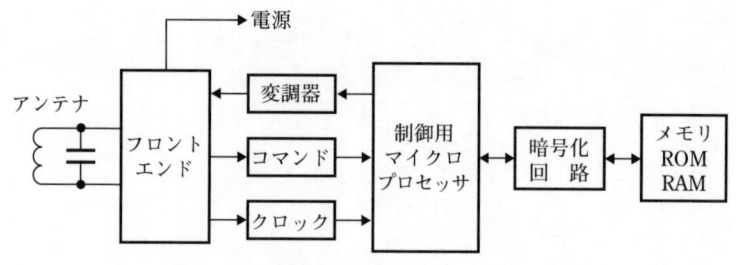

図5.1に13.56 MHz を用いた非接触ICカードのブロック図の一例を，図5.2に非接触ICカードの形状を示す．非接触ICカードのループアンテナは，リーダ・ライタのループアンテナと磁気的に結合して，コマンドや電力を受け取る．フロントエンド回路では，受信時にリーダ・ライタから送出された受信信号を整流して直流電源を再生する．また，受信した13.56 MHz の搬送波を分周して，

図5.1　非接触ICカードのブロック図の一例

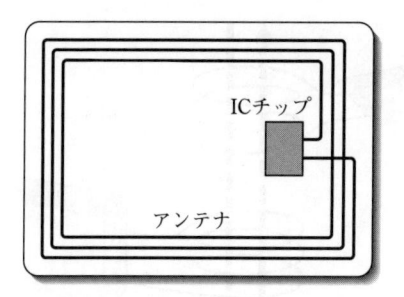

図 5.2 非接触 IC カードの形状

ロジック回路を動かすときのクロックも再生する．電源とクロックが制御用のマイクロプロセッサに供給されて，すべての回路が動き出すと，リーダ・ライタから送られるコマンドにより制御されながら，伝送プロトコルに従って通信を行う．

　非接触 IC カードからリーダ・ライタへの通信は次のように行う．非接触 IC カードでは，これから送ろうとする暗号化されたディジタル情報によってアンテナ給電点の負荷インピーダンスを変化させ，その変化が磁界を変化させる．その磁界の変化は，そのままリーダ・ライタ側のアンテナに流れる電流の変化となる．この電流の変化を読むことによって，リーダ・ライタでは非接触 IC カードから送られてくる情報を再生する．

### 5.1.2　非接触ICカードの電源再生

　非接触 IC カードは電池を搭載していない．図 5.3 に示すように，リーダ・ライタに取り付けられたコイル状のループアンテナに電流を流すと，そこに磁界が発生する．その磁界が非接触 IC カードに取り付けられたコイル状のループアンテナの中を貫通すると，そのループアンテナに誘導電圧が発生する．非接触 IC カードでは，この誘起する電圧を電源として利用している．

　実際の非接触 IC カードでは，リーダ・ライタと非接触 IC カードのループアンテナ間の通信に使われている周波数に共振させる．すると，この誘起する電圧が高くなる．しかし，ループアンテナの共振周波数が大幅にずれると，共振して

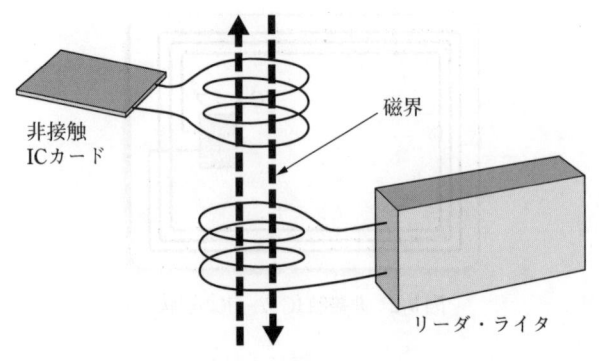

図5.3 電磁誘導方式

いない（非同調）ループアンテナよりも誘導電圧が低くなる．

また，非接触ICカードとリーダ・ライタの距離が近くなると，その誘起電圧は高くなる．このとき，電子回路を発熱させたり破壊しないように，電源にバイパス抵抗を設けている．誘起電圧の上昇に反比例してバイパス抵抗の抵抗値が減るようになっており，この抵抗が，ループアンテナの共振特性を鈍化させる（アンテナの共振特性Qを下げる）ように働いて，非接触ICカードの破損を防いでいる．

## 5.2　RFタグの構成

ユビキタス社会ではあらゆる物質から情報を得るために，その目的やアプリケーションに合わせていろいろな種類のRFタグが実用化されている．本節では，RFタグの構成について説明する．

### 5.2.1　反射型パッシブRFタグ

**(1) 概要**

一般に電池を搭載しないパッシブ型RFタグとは，このタイプを指す．筆者らとテレミディックが共同開発したRFタグの内部構成の一例と仕様を図5.4と写

5.2 RFタグの構成

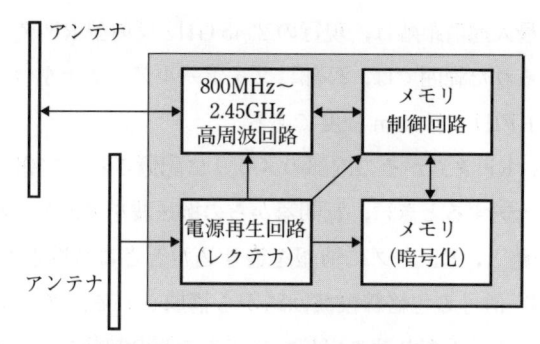

**図 5.4** 反射型パッシブ RF タグの内部構成

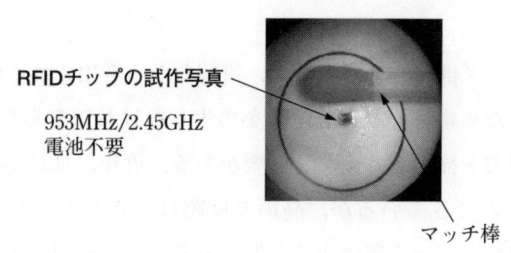

RFIDチップの試作写真
953MHz/2.45GHz
電池不要

マッチ棒

＜特徴＞（試作品の仕様）
- メモリ容量：1kビット（ユーザ使用領域：800ビット程度）
- 書換不可能でIDおよびデータタグに最適
- マルチリード対応
- マルチライト対応

**写真 5.1** 反射型パッシブ RF タグの内部構成

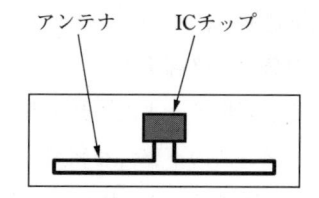

**図 5.5** 反射型パッシブ RF タグの形状

真5.1に，反射型パッシブRFタグの形状を図5.5に示す．このRFタグは，800 MHz～2.45 GHzで動作する高周波回路，電源再生回路，メモリ制御回路，メモリより構成されている．回路用電源はレクテナを用いて，搬送波から直流電

源を再生する．最大通信距離は，現行の 2.45 GHz 反射型 RF タグに関する国内の電波法で定められた範囲では，外部にダイポールアンテナをつけた RF タグで 1 m 程度，微細 RFID で数 mm 程度である．

高周波回路は，RF タグがその内部のメモリに記憶された情報を質問器からの問いかけに対し返送するときに，質問器からの搬送波を RF タグのアンテナ給電点で変調する回路と，RF タグに情報を書き込むときに質問器から送出される ASK（振幅変調）信号の包絡線検波回路から構成される．メモリ制御回路は，メモリへ情報を書き込んだり読み出したりすることの制御を行う．電源再生回路は，レクテナ技術を用いた整流回路である．

### (2) 変調技術

パッシブ型 RF タグは電池を搭載せず，質問器から送出される搬送波の一部を整流し，動作するために必要な直流電源を再生しなければならないので，RF タグの回路は消費電力を極力小さくする必要がある．近年，ロジック回路は非常に低消費電力化が進んできているが，高周波回路は大きな電力を消費する．そこで，高周波回路の規模を最小限にする必要がある．ここで紹介する反射型パッシブ RF タグは，搬送波の局部発振器は有さず，質問器から送出される搬送波を RF タグ内のメモリに書き込まれた情報により RF タグのアンテナ給電点で変調し，その信号を質問器に対して反射することにより情報を伝送する．この目的を達成する反射型 RF タグの変調方式の原理を図 5.6 に示す．

アンテナから入力された搬送波は，そのアンテナと反対側の伝送線路端に伝送線路と同じインピーダンスの負荷で終端すると，そこでは反射が起こらない．しかし，伝送線路端を開放すると同相で，また短絡すると逆相で，伝送線路端で全反射を起こす．このインピーダンスの不整合を利用した位相の異なる反射特性に着目すると，2 値の情報により変調がかけられることがわかる．実際の変調回路は，伝送線路のアンテナとは反対側の端に，RF タグのメモリに記憶された情報に応じて ON（短絡）/OFF（開放）となるダイオードスイッチを設けることにより，搬送波は伝送線路端で位相変調（PSK）される．

また，ダイオードスイッチと並列に終端抵抗をつけ，スイッチが OFF のとき

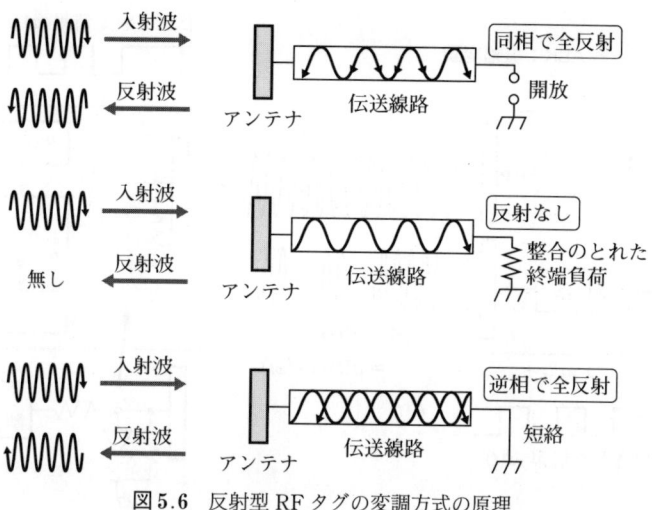

図5.6 反射型 RF タグの変調方式の原理

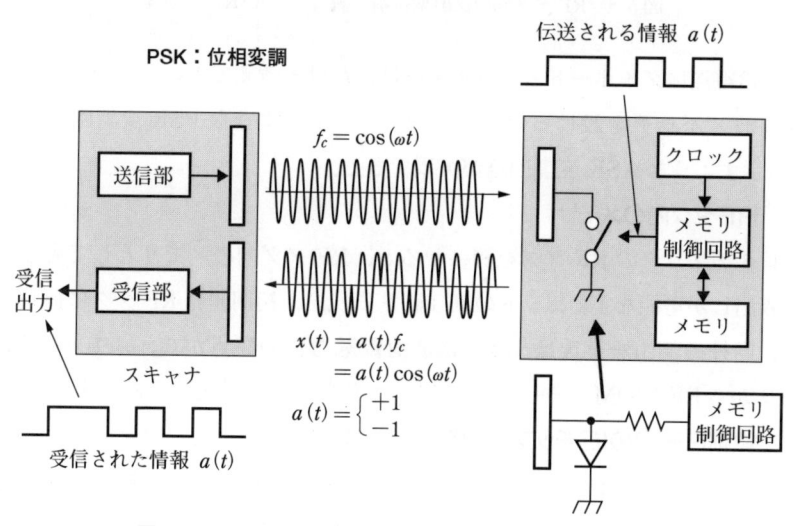

図5.7 RF タグ側の反射型位相変調方式（PSK）の原理

にアンテナのインピーダンスと終端抵抗が整合していると反射が起こらず，スイッチが ON のときに反射する状態を作り出すと振幅変調（ASK）も可能である．

実際の RF タグは，その回路上では伝送線路の長さはほとんどなく，アンテナ

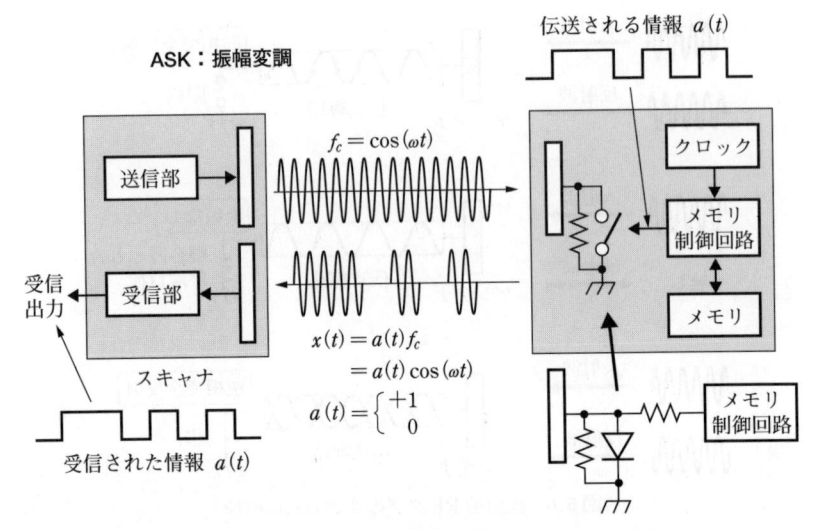

図5.8 RFタグ側の反射型振幅変調方式（ASK）の原理

とその給電点にダイオードスイッチを設けただけと考えてよい．このように簡単な高周波スイッチを設けるだけで，図5.7に示すようなPSK変調回路や，図5.8に示すようなASK変調回路が実現できる．

**(3) RFタグ内のメモリ**

テレミディックのRFタグを例にとると，RFタグ内のメモリとして書き込みと読み出しが可能な1kビットのFlashメモリを，初期開発RFタグに搭載していた．同社の羽山雅英氏は，今後は低消費電力化の観点から，メモリをFlashメモリからEEPROM，そしてFRAMへと移行させる計画であると述べている．

**(4) 微細RFIDのICチップ上に構成したアンテナ**

ユビキタスのRFIDチップ実現に向けて，最も難しいのは，微細RFIDのICチップ上にアンテナを構成することといっても過言ではない．このようなアンテナ内蔵のRFIDチップでは，現在の電波法で許される質問器の空中線電力（260 mW）では数mm程度の通信距離が限界と思われる．

韓国・忠南大学で超小形アンテナの研究をされている禹鍾明博士から，ICチップ上にループアンテナを構築した場合，図5.9に示すようにアンテナの外形寸

法を 1/60 波長程度まで小さくしても比較的高い利得が得られるのではないか，という御助言をいただいた．また，日本のパッチアンテナの権威でもある金子洋一氏からは，メアンダ構造の線状アンテナを用い，給電点近辺を太くして損失を抑えるとよいのでは，という御助言もいただいた．

筆者らは，IC チップ上のアンテナを構成するとき，IC チップ上のコンデンサの容量がばらつく問題があるので，アンテナを 2.45 GHz に共振させることは量産性を考慮すると難しいと考えた．また，ループ系のアンテナとしても，それは波長に対して周囲長が短く，ほとんど短絡状態に近いアンテナとなり，電子回路とのインピーダンス整合も難しいと考えられる．アンテナの放射抵抗を高くして効率を高めるために，ループを複数回巻いた多重巻きループアンテナも考えられるが，周波数が 2.45 GHz のように高くなると，そのループの線間の浮遊容量の

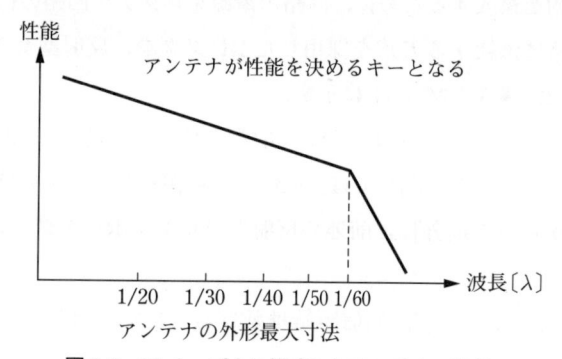

図 5.9 IC チップ上に構成したアンテナの性能

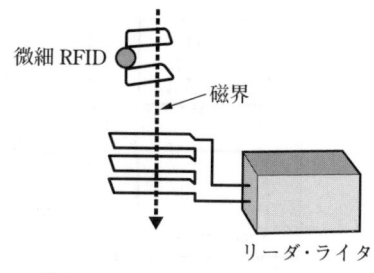

図 5.10 微細 RFID と質問器の電磁誘導による通信

影響により，期待される多重巻きループアンテナの性能がなかなか引き出せない．そこで筆者らは図 5.10 に示すように，アンテナを非同調の電磁誘導のループアンテナと考えることにした．磁界をピックアップするなら微小ループアンテナでよい．筆者らと共同でこの RFID チップを開発したテレミディックでは，IC チップは 1.1 mm×0.9 mm という大きさを選んだ．このチップを用いて，質問器の空中線電力が 260 mW のときに数 mm の通信距離が確認できた．

### 5.2.2　反射型セミパッシブ RF タグ

電池を搭載していない反射型パッシブ RF タグの通信距離は，無線回線の S/N 比的な要因では決まらず，レクテナの直流電源の再生能力に依存している．従って反射型 RF タグは，電源の供給が安定化すれば通信距離を延ばすことができる．この目的を達成するために，回路用電源をレクテナ回路の代わりに電池から RF タグ回路に供給する方式を採用した RF タグを，反射型セミパッシブ RF タグと呼ぶ．回路構成を図 5.11 に示す．

最大通信距離は，現行の 2.45 GHz 反射型 RF タグに関する電波法では数 m 程度が期待される．動作に関しては，回路への電源をレクテナ回路の代わりに搭載された電池から行う以外は，前述の反射型パッシブ RF タグ（5.2.1 節）とほぼ同じである．

形状的には大きくなるが，通信距離は延びる．また，回路も反射型パッシブ

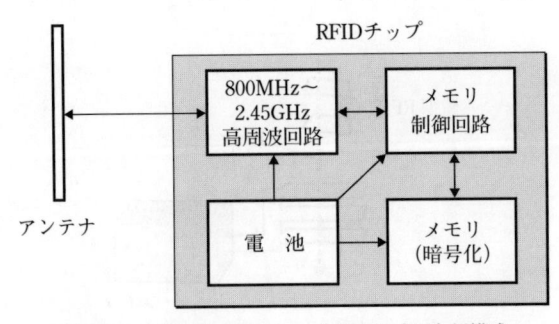

図 5.11　反射型セミパッシブ RF タグの内部構成

RFタグとほぼ同じなので，非常に低消費電力となり小型のボタン型電池でも電池寿命は数年レベルと長くなる．

### 5.2.3　微弱電波アクティブRFタグ

図 5.12 に示すように電池を搭載しており，RF タグ自体に送信回路を有し，間欠的に情報を送信する RF タグをアクティブ RF タグという．主に 322 MHz 以下の微弱電波を用いており，最大通信距離は 10 m 程度である．微弱電波アク

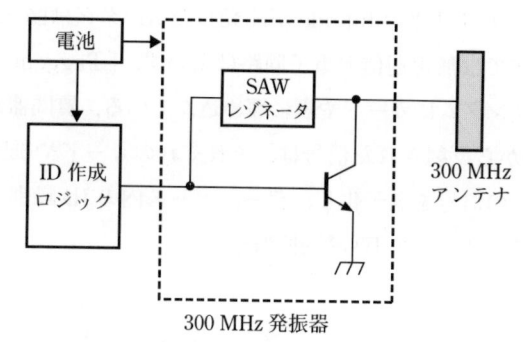

図 5.12　微弱電波アクティブ RF タグの回路構成例

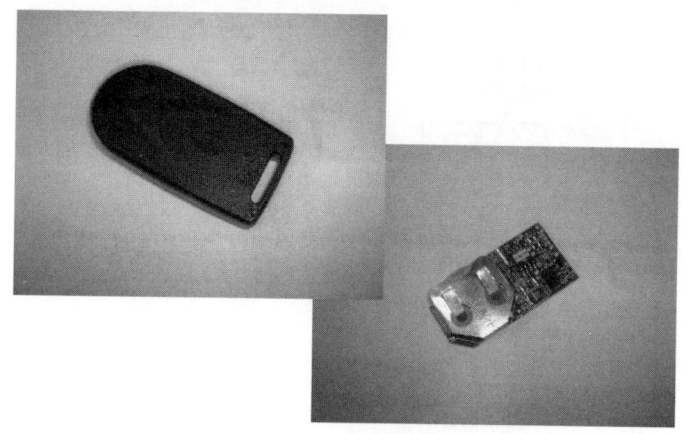

（出典：RF Code 社 Web ページより）
写真 5.2　微弱電波アクティブ RF タグの製品例

ティブ RF タグの内部での ID 作成ロジックは，送信時間をランダムに制御し，自局 ID を発振器の ON/OFF 制御端子に入力し，300 MHz の ASK 信号を作る．写真 5.2 に製品例として，RF Code 社の「Spider」を示す．

## 5.3　ミリ波タグの構成

アメリカでは 24 GHz 帯や 58 GHz 帯といったミリ波を用いた RF タグが商品として発表されているが，日本ではミリ波帯の RF タグに関しての論議はこれからのようである．アメリカの Inkode が開発した RF タグは図 5.13 に示すように，ミリ波タグ側では無線通信の電子回路は用いず，「Taggent」と呼ばれる微細な特殊材料をランダムにカードや紙に埋め込んでいる．質問器からミリ波を照射して Taggent から反射された信号は，それぞれのカードや紙固有の波形となる．質問器側でこの信号を量子化し，データベース内の ID 識別情報に対応した信号と照合することによって ID 識別情報を得る．

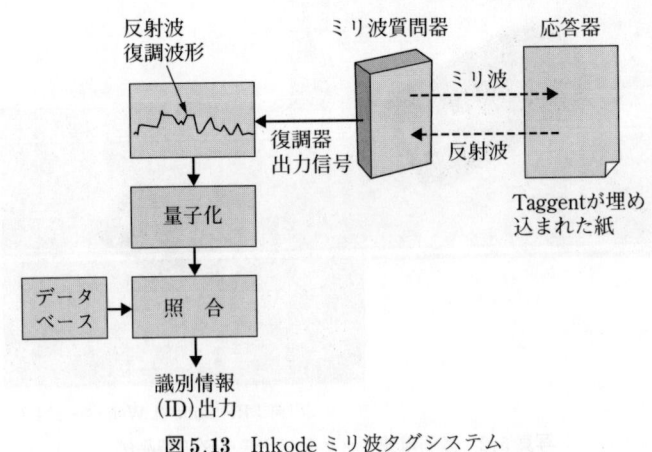

図 5.13　Inkode ミリ波タグシステム

## 5.4　光タグの構成

　光通信を用いたタグは，主に近赤外線や可視光の領域で，LEDと受光素子を用いてハードウェアを実現している．無線による反射型RFタグと異なり，光タグシステムでは，タグ側にも送信回路を有している．光タグは電池を搭載しており，有視界での通信が主になる．図5.14に，筆者らが開発中の光タグのブロック図を示す．

　近年，PLCが話題になっている．PLCとは，100 V（50/60 Hz）の電力線に高周波信号を重畳し，電力線を伝送路としてインターネットへの接続などを行う方式である．既存の電灯引込線やコンセントに情報を発する機器のプラグを差し込むとすぐに通信できるので，各家庭内の各部屋間でホームネットワークの構築が可能となる．このPLCにつながっている各家庭の照明器具を至近距離の光通信端末として使うことを検討しており，光タグへの関心も高まってきたところである．ユビキタスネットワーク構想にあるように，各家庭内の各部屋にある物との通信が可能となる．しかし，PLCの導入までには，他の短波を使う無線通信との混信問題も解決しなければならない．

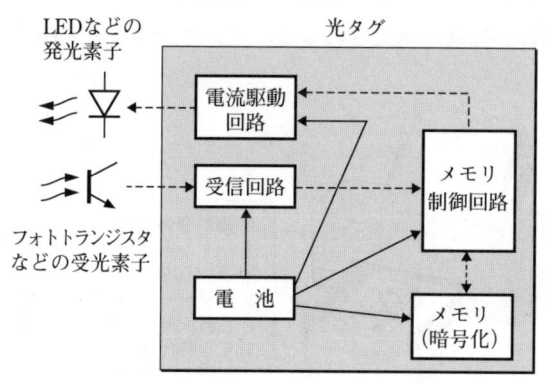

図5.14　筆者らが開発中の光タグのブロック図

## 5.5　有機半導体によるRFタグの低価格化

　RFタグの低価格化と環境汚染問題に関して，有機半導体の今後の研究開発が期待されている．

　有機半導体によるRFタグの作製方法の一例を図5.15に示す．例えば，綿花などを材料にして半導体のような動作をする粉を作り，インクと混ぜ合わせ，インクジェットプリンタで紙などに電子回路とアンテナを同時に印刷し，RFタグを製作する技術である．ICチップとアンテナをワイヤーボンディングで接続するなどの実装工程も不要になる．また，材料が綿花であるので，そのまま廃棄されたとしても，情報の流出問題は別として，環境汚染は起こりにくい自然にやさしいRFタグとなる．

　2003年度末の有機半導体の研究発表を調べてみると，まだ，実用化の域にまでは達していない．この技術で作られるFET（Field Effect Transistor：電界効果トランジスタ）の周波数特性が，やっと1 MHzに達したところである．電気抵抗率は数百 Ω/□程度で，アンテナの素子として使用するには損失が大き過ぎる．しかし，独立行政法人の研究所や大学（山形大学など）でも，有機半導体のRFタグへの応用に関する研究が本格的に進められており，国内でもいくつかのベンチャー企業（オープンハード，あさひ素材など）が試作を行っている．近い将来は，周波数特性の向上や電気抵抗の低減が期待できるであろう．

　この有機半導体の技術が確立されると，インターネットで回路情報のファイル

有機半導体技術で，インターネットからダウンロードしたRFタグ印刷ファイルを紙にインクジェットプリンタで印刷し，各家庭でもRFタグが製作できる時代がくる．

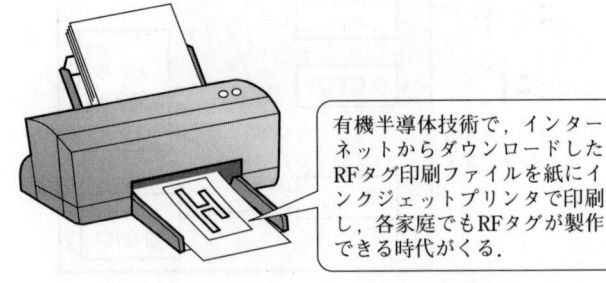

図5.15　有機半導体によるRFタグの作製方法

をダウンロードして自宅で紙などに印刷するだけで，RFタグやいろいろな電子回路を作製できる可能性がある．これは，電子産業界においても大きな変革となる．

## ホームページ情報

**RFID Journal**：http://216.121.131.129/article/articleprint/279/-1/1/
**Inkode**：http://www.inkode.com/
**RF Code**：http://www.rfcode.com/
**アンプレット**：http://www.amplet.co.jp/
**テレミディック**：http://www.telemidic.com/
**オープンハード**：http://www.openhard.co.jp/
**山形大学・倉本憲幸教授の研究室**：
　http://cmk.yz.yamagata-u.ac.jp/kuramoto.home.html
**知財情報局**：http://news.braina.com/2003/0102

# 第6章

# リーダ・ライタの技術

　図6.1に示すような非接触ICカードやRFタグシステムにおいて，応答器（非接触ICカードやRFタグ）との通信を行うベースステーションがリーダ・ライタ（質問器）である．リーダ・ライタは，物体に取り付けられた非接触ICカードやRFタグに搭載されたメモリに情報を書き込んだり，その書き込まれた情報を読み出したりする装置である．以下にリーダ・ライタの構成例を示す．

## 6.1　近接型非接触ICカード用リーダ・ライタ

　低い周波数を用いる近接型非接触ICカードは，磁気による結合を利用して通信や電力の伝送を行う．図6.2に，非接触ICカード用リーダ・ライタのブロック図の一例を示す．

　マイクロプロセッサの制御により，非接触ICカードを活性化させてから，伝送プロトコルにしたがって通信を開始する．通信接続の確立，アンチコリジョ

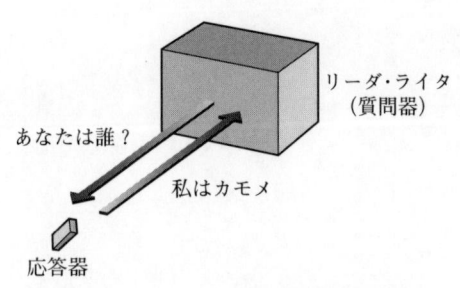

図6.1　ユビキタス無線通信装置の概要

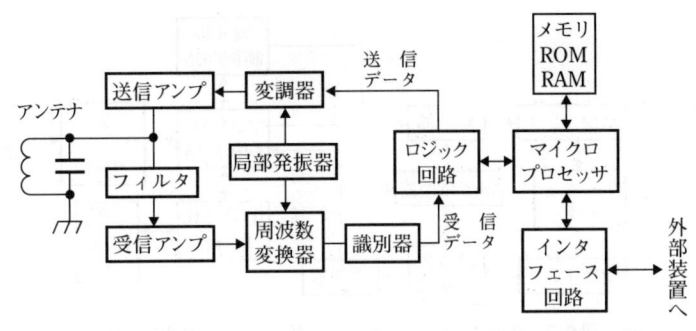

図 6.2 非接触 IC カード用リーダ・ライタのブロック図の一例

ン，認証処理はリーダ・ライタが行う．局部発振器では，通信を行う搬送波が作り出される．送信側では，ロジック回路から出力される信号によって変調器にて搬送波に変調を施し，送信アンプで増幅した信号がアンテナから送信される．受信側では，アンテナから入力された変調波を増幅して復調を行う．この信号をマイクロプロセッサに入力し，非接触 IC カードから受け取った情報をメモリに記憶させたり，外部の通信機器へ送出したりする．

## 6.2　RFタグ用のリーダ・ライタのブロック図

図 6.3 に，900 MHz 帯や 2.45 GHz 帯で利用される質問器の構成の一例を示す．電源回路には，低雑音で小型のスイッチング電源モジュールが使われる．周波数制御回路，プロトコル制御回路，ID 符号化/復号化，メモリ，インタフェース回路はロジック回路と呼ばれる．現在は，CPU を主体とする回路で構成されている．

高周波回路は必要となる部品の価格が高価なので，その回路構成や設計により価格に大きな差が生じる．本節では，以下に高周波回路の概要について述べる．

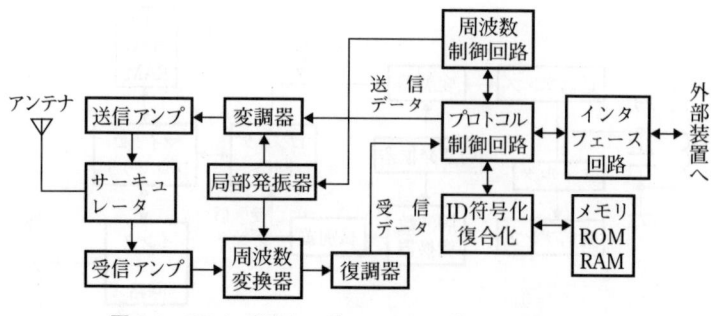

図 6.3　RFタグ用リーダ・ライタのブロック図の一例

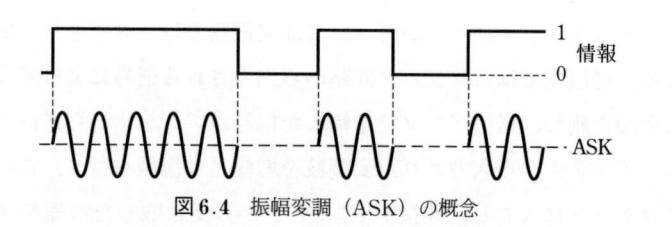

図 6.4　振幅変調（ASK）の概念

## 6.2.1　送信系回路の動作

質問器からRFタグへ情報を書き込んだり読み出したりするときに要求信号を送出するため，図6.4に示すように，外部から入力される情報（送信データ）によって高周波発振器の出力信号（搬送波）を高周波スイッチで断続して，RFタグへ情報を伝送する．この搬送波を断続するディジタル変調方式をASKという．ASK信号は，式(6.1)に示すようにシンプルな式で表現できる．図6.5にASK送信機の概要を示す．搬送波 $f_c = \cos(\omega t)$ に送りたい情報の $a_{(t)}$ を乗算する．

$$x_{(t)} = a_{(t)} \cos(\omega t) \tag{6.1}$$

ここで，$a_{(t)}$ はディジタル情報の "0" または "1" で，ASK信号はこの "0" または "1" に応じて，空間に搬送波（電波）を送り出すか出さないかのどちらかの状態を作り出す．

ASK受信機は，図6.6に示すような簡単な検波回路で実現することができる．よってASKは，RFタグ内の復調回路を簡単にすることに適した変調方式とい

## 6.2 RFタグ用のリーダ・ライタのブロック図

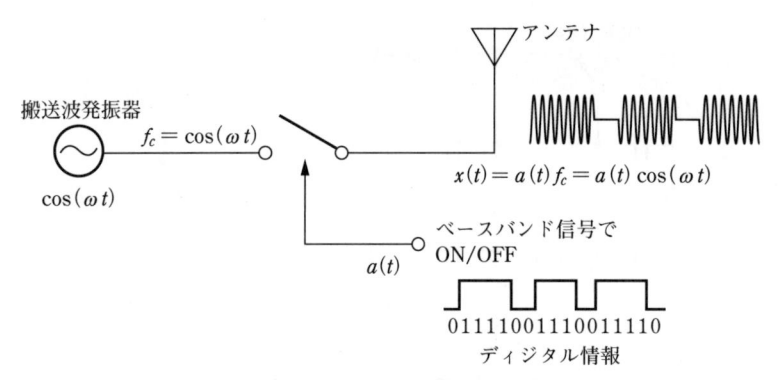

**図 6.5** ASK 送信機の概要

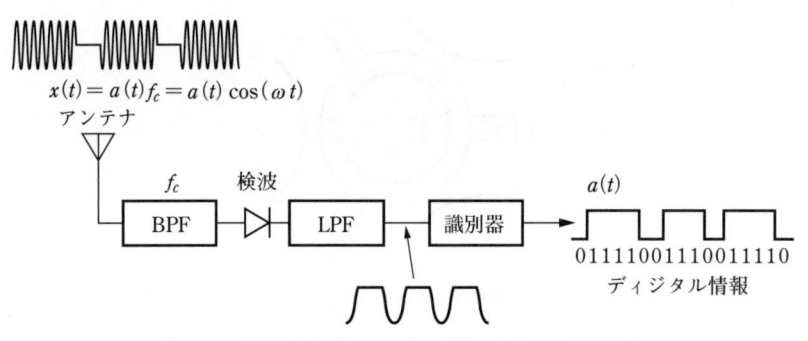

**図 6.6** ASK 受信機の一例（包絡線検波方式受信機）

える．

ASK 信号作成用の高周波スイッチの素子には，ダイオードを用いることが多い．図 6.7 に，SPST（Single Pole Single Throw：単極単投）高周波ダイオードスイッチ回路の一例を示す．ダイオードスイッチ回路の原理は，ダイオードに順方向電流が流れる ON のときには入力された高周波信号がスイッチ出力に現れ，ダイオードに逆バイアス電圧をかけるとダイオードには電流が流れないのでスイッチは OFF の状態になり，スイッチ出力には高周波信号が現れない．この ASK 信号は送信アンプで増幅され，サーキュレータに入力される．

ここでサーキュレータについて説明する．2.45 GHz 帯の RF タグシステムに

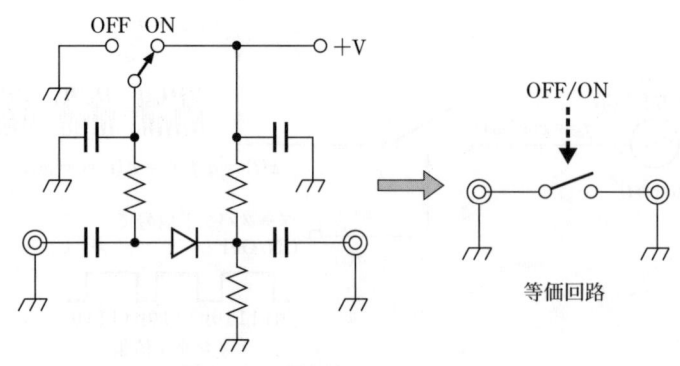

**図 6.7** 高周波ダイオードスイッチ

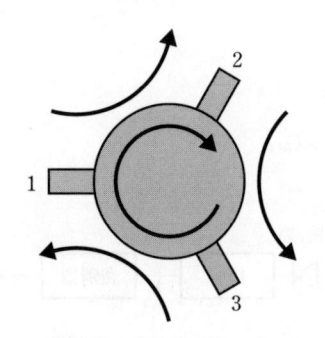

**図 6.8** サーキュレータ

おいては，質問器では同一周波数で送信と受信を同時に行う．そこで，1本のアンテナを送受信で共用するには，送信回路からの信号はアンテナへ，応答器からの反射信号はアンテナから入力されて受信回路へと導く部品が必要となる．この目的にサーキュレータが用いられる．図 6.8 に示すサーキュレータでは，端子1に入力された信号は端子2に出力され，端子3には現れない．同様に，端子2に入力された信号は端子3に出力され，端子1には現れない．端子3に入力された信号は端子1に出力され，端子2には現れない．例えば，端子1にアンテナ，端子2に受信回路，端子3に送信回路を接続すると，1本のアンテナを送・受信で共用することができる．サーキュレータは，質問器に用いる部品の中では価格的に高価な部品に属するので，サーキュレータの代わりにハイブリッド回路を用い

たり，送信回路と受信回路に送信用アンテナと受信用アンテナを別々に接続した質問器もある．

## 6.2.2 受信系回路の動作

RFタグから反射されてアンテナから入力される信号は，受信アンプで増幅され，2系統（I-chとQ-ch）に分けられる．1系列の受信系では，周波数変換器の出力は図6.9に示すように，信号の振幅が質問器とRFタグ間の通信距離によって変化し，振幅が小さいときは復調できないことがある．そこで，受信信号を2系統（I-chとQ-ch）に分け，各々のchの周波数変換器に高周波発振器の信号を0°と90°の位相差（1/4波長差に相当）をもたせて入力すると，片側のchの周波数変換器の出力信号が小さいときには他方のchの出力信号が大きくなり，図6.10に示すように，質問器とRFタグの距離が変化しても両周波数変換器からの出力信号の極性を合わせて加算することなどにより，安定な受信ができるようになる．

この信号は識別器に入力される．識別器とは，しきい値電圧を設定し，その電圧より入力信号の電圧が高ければ"High(1)"の情報，低ければ"Low(0)"の情報というように2値に判別する．すなわち，この回路を通過させると，"High"と"Low"のはっきりした矩形波への波形整形が行われる．この波形整形された信号をロジック回路に入力し，各信号処理がディジタル的に行われる．

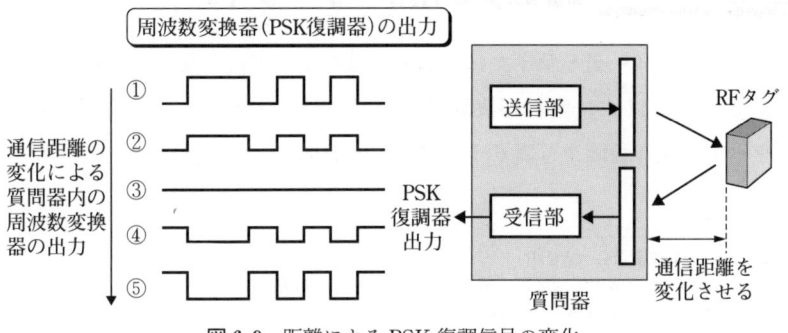

図6.9 距離によるPSK復調信号の変化

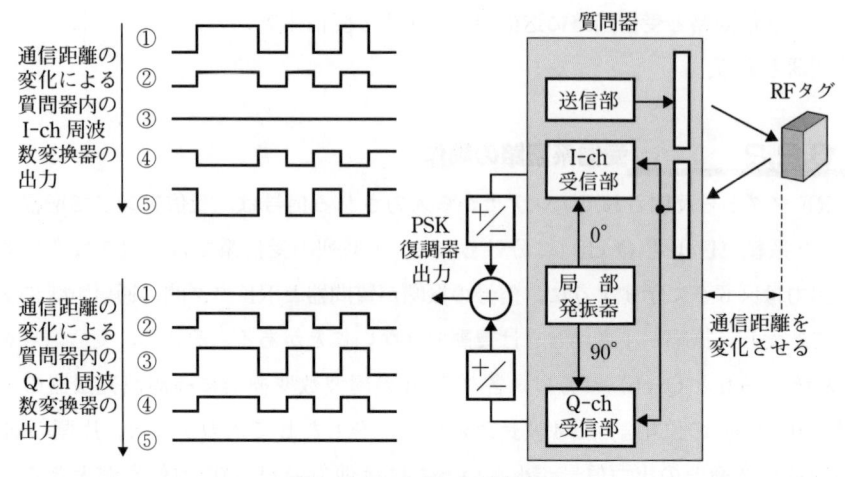

図 6.10　I-ch/Q-ch 受信方式

　2.45 GHz RF タグ用リーダ・ライタは，局部発振器の発振周波数をホッピングさせる機能を有している．周波数ホッピングをすることにより，大きな電力を送信できるという，リーダ・ライタに関する電波産業会[*6-1]発行の規格 ARIB STD-T 81「特定小電力無線局周波数ホッピング方式を用いる移動体識別用無線設備」を満足する．特定小電力無線設備なので，ユーザに無線局の免許は不要である．

## 6.3　ミリ波タグ用リーダ・ライタ

　ミリ波タグ用リーダ・ライタは，国内ではあまり実績もなく，情報も少ないようである．図 6.11 に，弊社が実験用に試作したリーダ・ライタのブロック図の一例を示す．試作装置を写真 6.1 に示す．一般的に，ミリ波のコンポーネットは

---

[*6-1] 社団法人　電波産業会（ARIB）
　〒100-0013　東京都千代田区霞ヶ関 1-4-1　日土地ビル 14 階
　電話：03-5510-8590　FAX：03-3592-1103
　e-mail：tosho@arib.or.jp

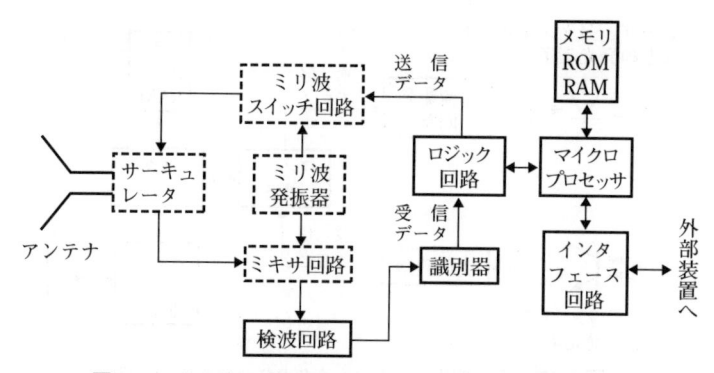

**図6.11** ミリ波タグ用リーダ・ライタのブロック図の一例

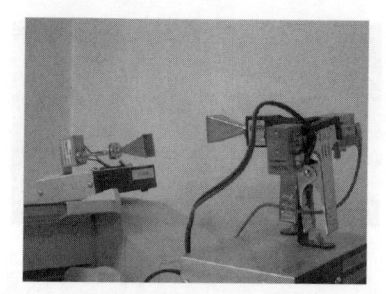

**写真6.1** ミリ波タグ用リーダ・ライタの試作例

まだ高価であるが，最近では24.5 GHz帯自動ドア用のセンサとして，図6.11の中の破線部をモジュール化したものが数千円で購入できるようになってきている．動作としては，周波数が異なること以外は6.2節の「RFタグ用のリーダ・ライタ」とほぼ同じである．

## 6.4　光タグ用リーダ・ライタ

図6.12と写真6.2に，弊社が実験用に試作した光タグ用リーダ・ライタのブロック図の一例を示す．

現在の電波によるWPAN無線通信では，いろいろな無線端末が同一空間に存

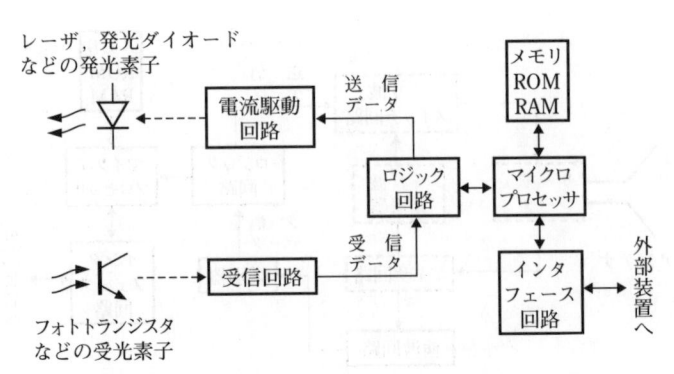

**図 6.12** 光タグ用リーダ・ライタのブロック図の一例

**写真 6.2** 光タグの実験風景

在し，混信問題も発生する．そこで，光による空間伝播も，ユビキタスネットワークにおける末端の接続線のないディバイスのひとつとして着目されるであろう．PLC（電力線通信）でインターネットに繋がるようになると，LED，LDを用いた照明器具も，光タグとの通信を行うリーダ・ライタとして使用できる．照明器具を用いず，光のリーダ・ライタを専用に設計すれば高速通信も可能である．UWBにおいては無線回路やアンテナでの超広帯域化などで難しいハードルが多いのに対し，光は簡単に高速伝送が可能である．

## 6.5　リーダ・ライタの低価格化へのアプローチ

ユビキタスのRFIDチップがあらゆるものに埋め込まれると，そこから情報

## 6.5 リーダ・ライタの低価格化へのアプローチ

を読み出すリーダ・ライタにも小型で安価なものが望まれる．ユビキタスの無線通信は，至近距離の通信が主体となる．また，今後の応答器側は電池を搭載しない RF タグ通信システムが主流になると思われ，そのシステムでは無線回線の S/N 比での要因よりも，RF タグ内で再生できる直流電源電圧で通信距離が決まってしまう．このとき，RF タグから反射されてリーダ・ライタの受信部へ入力される信号は，まだ十分に高い S/N 比となっている．これは，受信機が高感度でもなくてよいことを意味する．そこで以下に，市場に一番多く出回ると思われる電池を搭載していない反射型パッシブ RF タグを通信相手とする，安価なリーダ・ライタの低価格化へのアプローチについて述べる．

リーダ・ライタからの搬送波に対して RF タグは，RF タグ自身の中のメモリにある情報により変調をかけて，リーダ・ライタに向かって反射する．このときリーダ・ライタは，送信部と受信部が同時に動作しており，その送信と受信の搬送波の周波数が同一であるので，周波数の管理は非常に楽にできる．これらに着目すると，新しい設計コンセプトで非常に回路規模の少ない安価なリーダ・ライタが実現できる．

筆者らは，量産時に販売価格が約二千円となる 2.45 GHz のリーダ・ライタを製造できる見通しをつけた．その概要を図 6.13 に示す．リーダ・ライタは，高周波回路と情報を処理するベースバンドロジック回路により構成される．ベースバンドロジック回路は CPU などで構成するため，画期的な回路の削減はできない．しかし高周波回路は，工夫次第で回路を削減できる可能性が存在する．

筆者らが考案したリーダ・ライタの送信部は，2 個のトランジスタで構成されている．1 個は 2.45 GHz の搬送波発振器，残りの 1 個は ASK 変調器として動作する．受信部は，1 個のトランジスタと 1 個の TTL IC で構成されている．2.45 GHz の RF タグからの反射信号と送信部から漏れ込む搬送波が，トランジスタによる非線形高周波増幅器に入力され，そこで受信信号の増幅と周波数変換（PSK の復調）を同時に行い，ローパスフィルタ（LPF）により電波伝播上で受ける雑音成分を除去する．このローパスフィルタは，RF タグから返送される変調信号のベースバンド帯域幅を通過させる帯域幅で設計する．

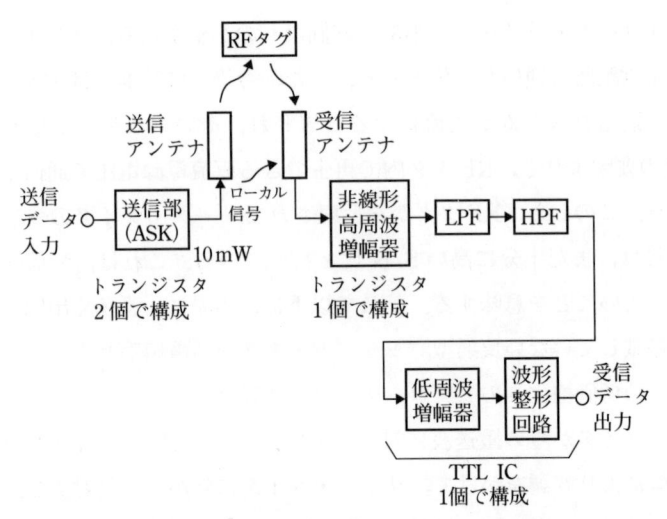

図 6.13　シンプルな構成のリーダ・ライタの一例

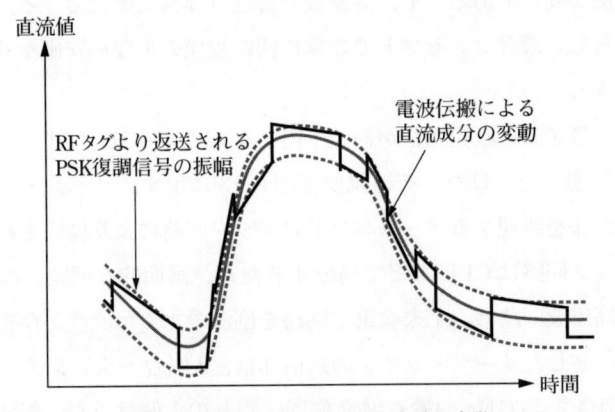

図 6.14　電波伝播による直流成分の変動

　ローパスフィルタの後に，ハイパスフィルタ（HPF）が挿入されている．RFタグ通信システムでは，RFタグが空間的に移動する場合，図 6.14 に示すように電波伝播の過程で電波の直流成分が大きく変動する．この変動分を取り除くのがハイパスフィルタの目的であり，その出力は図 6.15 に示すように，直流成分の変動が除去され安定に復調ができるようになる．

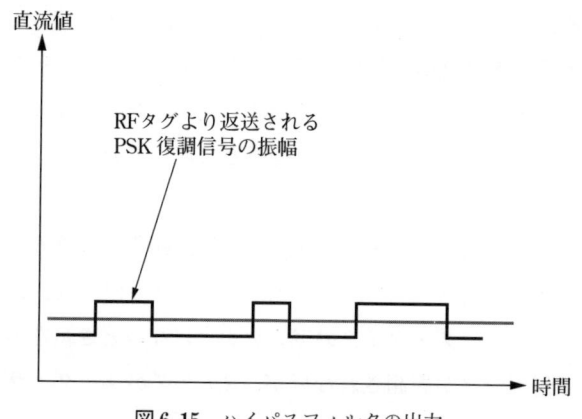

## 6.5 リーダ・ライタの低価格化へのアプローチ

**図6.15** ハイパスフィルタの出力

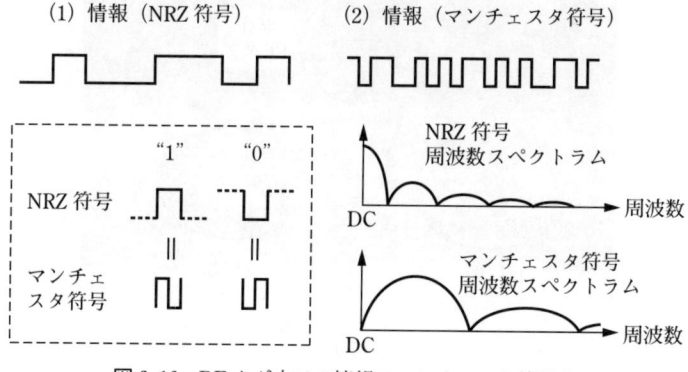

**図6.16** RFタグ内での情報のマンチェスタ符号化

しかし，本来のRFタグから返送される情報に"0"または"1"が連続するような直流成分の多い情報伝送を行う場合は，ハイパスフィルタを挿入することにより，その情報まで失ってしまう不具合が生じる．そこで，RFタグの内部回路では，図6.16に示すように，情報（NRZ符号）をマンチェスタ符号化することでこの問題を回避した（3.8節参照）．

ハイパスフィルタの後にCMOSロジックIC（74 HC 04）を用い，低周波増幅とTTL矩形波への波形整形を行っている．CMOSロジックICは本来はディジタル信号用のICであるが，帰還をかけることにより，アナログ的な増幅器とし

ても使用できる．

　このリーダ・ライタは送信と受信のアンテナを別々に設け，各々のアンテナを疎結合していることが回路規模を小さくできた大きな要因となっている．この独立した2本のアンテナにより，従来の無線機器に比べて非常にシンプルな回路構成が実現できた．

　機能確認用に試作したリーダ・ライタの高周波回路部を写真6.3に，動作の様子を写真6.4に示す．ICチップ化する前に試作した手作りRFタグ（電池は搭載されていない）がリーダ・ライタのアンテナ上にないとき（左の写真）はオシロスコープに受信データが観測されないが，RFタグがリーダ・ライタのアンテ

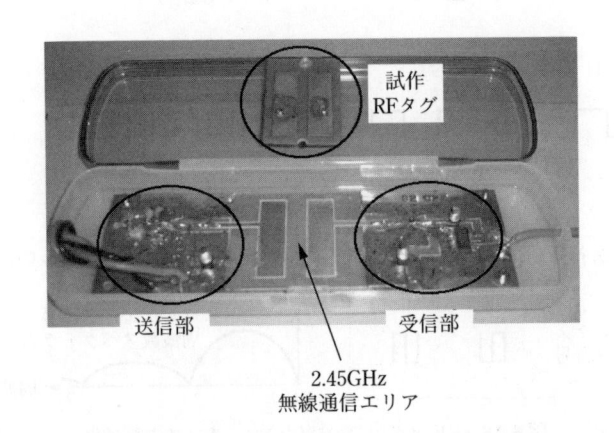

**写真6.3**　試作簡易リーダ・ライタ

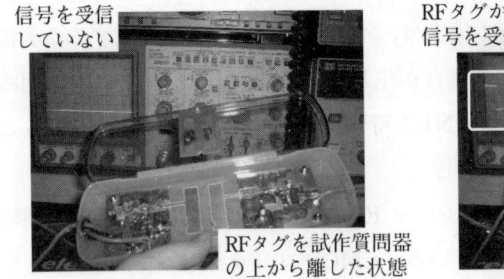

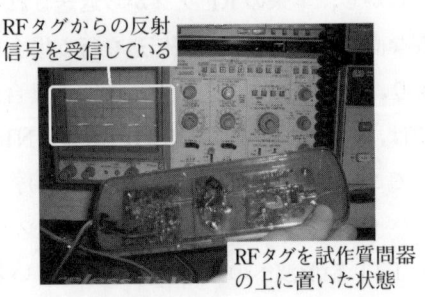

**写真6.4**　試作簡易型リーダ・ライタの動作情況

ナ上に置かれる（右の写真）と受信データが観測できていることがわかる．

写真 6.5 に示すように，日立 H8 ワンボードマイコンによる制御回路（パソコンとのインタフェースは RS-232 C）を付加し，リーダ・ライタとしてまとめた．空中線電力は 3 mW である．このリーダ・ライタと，写真 6.6 に示すダイポールアンテナ付の反射型パッシブ RF タグとの間で，距離 5 cm の安定な通信が確認できた．

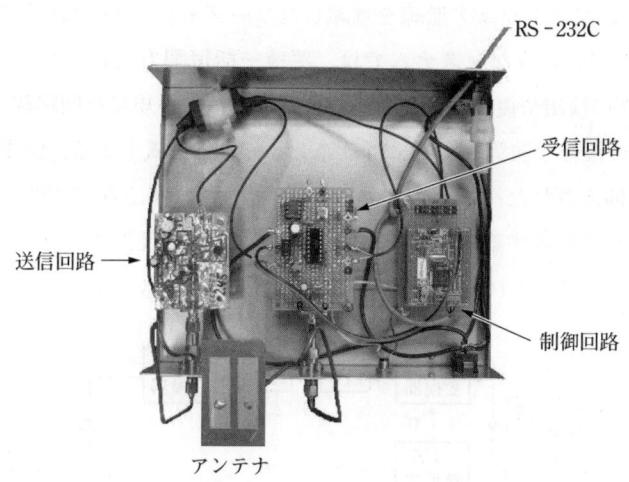

**写真 6.5**　実用レベルの試作簡易型リーダ・ライタ

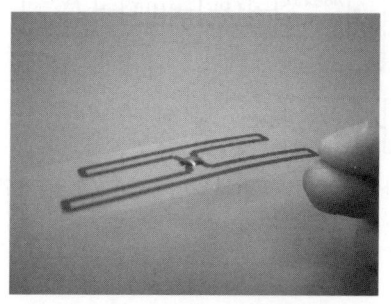

**写真 6.6**　ダイポールアンテナ付の反射型パッシブ RF タグ

## 6.6 ソフトウェア無線を意識したリーダ・ライタ

　RFタグに電池を搭載し，従来の無線回線のようにS/N比が低い回線状況で通信ができる高感度なリーダ・ライタのニーズもある．また，無線通信機器全般の動向として，今後ソフトウェア無線への技術的な移行も進んで行くであろう．RFタグシステムのリーダ・ライタにソフトウェア無線の概念を導入することで，パーソナルコンピュータとの接続性もよくなり，将来，RFタグの変調方式や通信プロトコルを問わないリーダ・ライタが実現できるようになる．

　図6.17に，ソフトウェア無線を意識したリーダ・ライタの高周波部の一例を示す．RFタグのようなシステムでは，蓄積一括復調方式が適している．これは，RFタグの検出や復調の所要時間が許されれば，小規模な回路構成で符号誤り訂正などの複雑な演算も同時に行うことができる方式である．図中のA/D変換器入力に挿入されたハイパスフィルタ（HPF）は，6.5節で説明したように，直流値が大きく変動するRFタグシステムでは，A/D変換器のダイナミックレンジ内に入力信号を入れ込むための重要な役割を担っている．

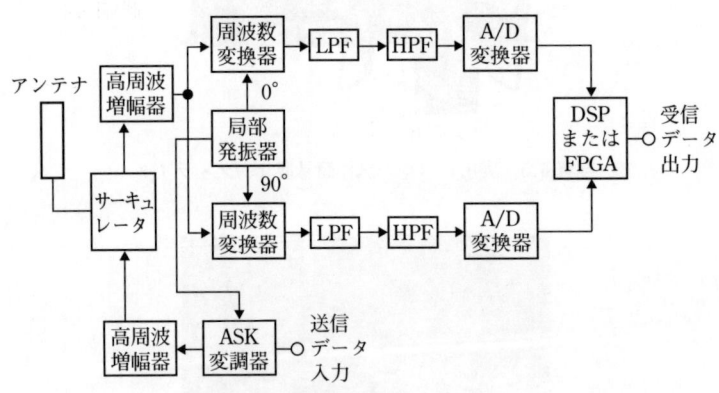

図6.17　ソフトウェア無線を意識したリーダ・ライタの高周波部の一例

といった具合に

# 第7章

# 非接触ICカードとRFタグの標準化動向

　本章では，非接触ICカードとRFタグの標準化動向について述べる．国際的な標準化は，ISO（International Organization for Standardization：国際標準化機構）の動向に注意を払わなければならない．ISOの標準化の検討は，技術委員会（Technical Committee：TC），分科委員会（Sub Committee：SC），作業グループ（Working Group：WG）で行われている．SC 17は人の管理用RFタグ，SC 31は物の管理用RFタグについて検討している．

　現在，動物用の規格（ISO 11784，ISO 11785，ISO 14223）及びコンテナ用の規格（ISO 10374）はすでに決まっている．しかし，物の管理についてはISOとIEC（International Electrotechnical Committee：国際電気標準会議）との共同技術委員会（Joint Technical Committee：JTC）で，JTC 1-SC 31-WG 4

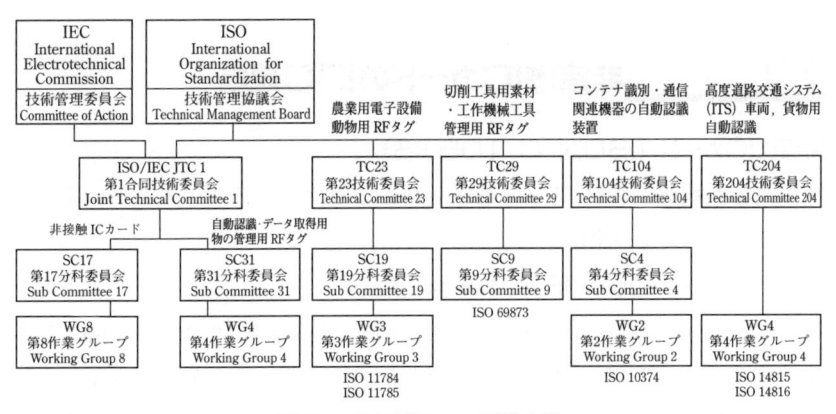

図7.1　ISO/IECでの審議内容

表 7.1　非接触 IC カードと RF タグの ISO/IEC の番号

| | 周波数 | ISO/IEC 規格 | 形状 | 用途 | 通信距離 |
|---|---|---|---|---|---|
| 非接触 IC カード | 13.56 MHz 密着型 | ISO/IEC 10536 | カード型 SC 17 | 人用 | 数 mm |
| | 13.56 MHz 近接型 | ISO/IEC 14443 | カード型 SC 17 | | 10 cm 以下 |
| | 13.56 MHz 近傍型 | ISO/IEC 15693 | カード型 SC 17 | | 70 cm 以下 |
| RF タグ | 135 kHz 以下 | ISO/IEC 18000-2 | 特定しない | 物用 | |
| | 13.56 MHz | ISO/IEC 18000-3 | | | |
| | 2.45 GHz | ISO/IEC 18000-4 | | | |
| | 5.8 GHz | ISO/IEC 18000-5 | | | |
| | 860 MHz〜960 MHz | ISO/IEC 18000-6 | | | |
| | 433 MHz | ISO/IEC 18000-7 | | | |

により審議中である．図 7.1 に ISO/IEC で審議している内容，表 7.1 に非接触 IC カードと RF タグの規格に関する ISO 番号をまとめた．

　ISO/IEC JTC 1-SC 17-WG 8 で審議されている非接触 IC カードについての国際標準規格には，密着型 IC カード（ISO/IEC 10536），近接型 IC カード（ISO/IEC 14443），近傍型 IC カード（ISO/IEC 15693），試験方法（ISO/IEC 10373）がある．

## 7.1　非接触ICカードのISO規格

### ●密着型ICカード（ISO/IEC 10536）

　搬送波周波数が 4.915 MHz の静電結合，または電磁結合による通信距離が 2 mm 程度の RF タグの規格である．

### ●近接型ICカード（ISO/IEC 14443）

　13.56 MHz の周波数で，電磁誘導で通信する非接触 IC カードの規格である．タイプ A とタイプ B の 2 種類の規格があり，リーダ・ライタはこの両タイプと通信ができなければならない．タイプ A は CPU 無しで動作する簡単な構造の非

表7.2 近接型ICカードと近傍型ICカードの規格概要

| | 種類 | ISO/IEC 14443-2 | | ISO/IEC 15693-2 | |
|---|---|---|---|---|---|
| | | タイプA | タイプB | タイプA | タイプB |
| リーダ・ライタから<br>非接触ICカードへ | 周波数 | 13.56 MHz±7 kHz | | 13.56 MHz±7 kHz | |
| | 変調方式 | ASK | | ASK | |
| | ASK変調度 | 100% | 約10% | 100% | 約10% |
| | 符号化方式 | Modified Miller | NRZ | PPM 1/256 | PPM 1/4 |
| 非接触ICカードから<br>リーダ・ライタへ | 変調方式 | 負荷変調 | | 負荷変調 | |
| | 副搬送波周波数 | 847.5 kHz | | 423.75 kHz/<br>484.28 kHz | 423.75 kHz |
| | 副搬送波変調方式 | ASK | BPSK | FSK | ASK |
| | 符号化方式 | Manchester | NRZ | Manchester | |

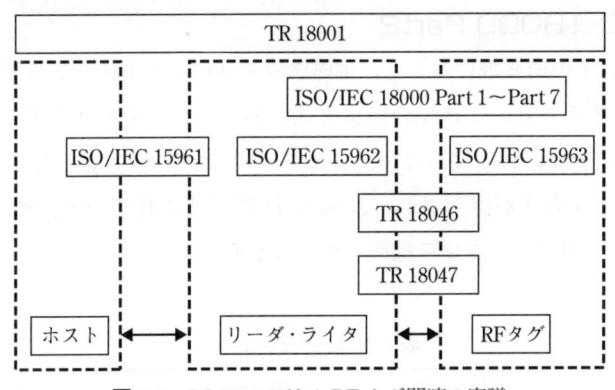

図7.2 SC 31におけるRFタグ関連の審議

接触ICカードで，タイプBは複合化に対応した規格である．通信距離は10 cm程度となっている．

### ●近傍型ICカード (ISO/IEC 15693)

13.56 MHzの周波数で，電磁誘導で通信するRFタグの規格である．通信距離は70 cm程度となっている．

表7.2に，近接型ICカードと近傍型ICカードの規格の概要を示す．

● 試験方法（ISO/IEC 10373）

外部端子のない近接型 IC カードと近傍型 IC カードの試験方法を定めている．

一方，ISO/IEC JTC 1-SC 31-WG 4 では，RF タグについて広い範囲で規格の審議を行っている．図 7.2 に，SC 31 の RF タグについての審議内容を示す．

## 7.2　ISO/IEC 18000規格

表 7.3 に示すように，ISO では IEC と共同で，各周波数における非接触 IC カードと RF タグについての規格化を，ISO/IEC 18000 として審議している．

● ISO/IEC 18000 Part1

標準化を行う上で必要なパラメータや定義などを規定している．以下の ISO/IEC 18000 Part 2〜Part 7 では，それらのパラメータを用いて規格を規定している．

● ISO/IEC 18000 Part2

135 kHz 以下の周波数において，電磁誘導で通信する RF タグの規格である．タイプ A とタイプ B の 2 種類の提案方式があり，リーダ・ライタはこの両タイプと通信ができなければならない．タイプ A のオプションとして日本提案のアンチコリジョン方式が採用され，Annex D に記載されている．通信距離は 10 cm 程度で，使用するときに無線局の免許は不要である．

表 7.3　ISO/IEC 18000

|  | 周波数 | 備考 |
| --- | --- | --- |
| ISO/IEC 18000 Part1 | 標準化に必要なパラメータや定義など |  |
| ISO/IEC 18000 Part2 | 135 kHz 以下 |  |
| ISO/IEC 18000 Part3 | 13.56 MHz |  |
| ISO/IEC 18000 Part4 | 2.45 GHz 帯 |  |
| ISO/IEC 18000 Part5 | 5.8 GHz 帯 | 標準化は棄却 |
| ISO/IEC 18000 Part6 | 860 MHz〜960 MHz |  |
| ISO/IEC 18000 Part7 | 433 MHz 帯 |  |

## ●ISO/IEC 18000 Part3

13.56 MHz において，電磁誘導で通信する非接触 IC カードや RF タグの規格である．ISO/IEC 15693 をベースにしたモード 1 と，通信速度が高速 (424 kbps) のモード 2 の 2 種類の提案方式がある．両モードの互換性はない．使用するときに無線局の免許は不要である．

## ●ISO/IEC 18000 Part4

2.45 GHz 帯において，マイクロ波の電波で通信する RF タグの規格である．モード 1 とモード 2 の 2 種類の提案方式がある．モード 1 は電池を搭載しないパッシブ型の RF タグ，モード 2 は電池を搭載するアクティブ型の RF タグで，両モードの互換性はない．

## ●ISO/IEC 18000 Part5

5.8 GHz 帯において，マイクロ波の電波で通信する RF タグの規格である．しかし，2002 年 12 月に標準化は棄却され，現在は審議を行っていない．

## ●ISO/IEC 18000 Part6

860〜960 MHz において，マイクロ波の電波で通信する RF タグの規格である．タイプ A とタイプ B の 2 種類の提案方式があり，リーダ・ライタはこの両タイプと通信ができなければならない．日本ではこの周波数帯は携帯電話などが使用しているため，RF タグとして使うことができないが，総務省で 952〜954 MHz の周波数を UHF 帯タグ専用周波数として ISO/IEC 18000 Part 6 に対応させ，2005 年春頃に割り当てる検討が行われている．当初，ISO/IEC 18000 Part 6 の周波数は 860〜930 MHz であったが，日本の検討している周波数がこの周波数範囲に入っていなかったため，ISO/IEC JTC 1-SC 31-WG 4 に対して周波数帯を 860〜960 MHz に拡張するよう日本が提案を行った結果，2004 年 6 月に拡張された．

## ●ISO/IEC 18000 Part7

433 MHz 帯において，電池を搭載したアクティブ型の RF タグの規格である．

## ●ISO/IEC 15961

ホストとリーダ・ライタ間のアプリケーションコマンド，アプリケーションレ

スポンス，データフォーマットを規定している．

● ISO/IEC 15962

リーダ・ライタのロジカルメモリやタグドライバを規定している．

● ISO/IEC 15963

RFタグに割り当てるIDについて審議している．発行するID機関ごとにクラスを割り当てることによって，アプリケーションを規定している．

● TR 18001

各種アプリケーションの仕様をまとめた報告書．

● TR 18046

RFタグの具体的なアプリケーションについて，最適な機器の選択ができるように，パフォーマンス特性，試験方法，環境を明確化した技術報告書．

● TR 18047

RFタグとリーダ・ライタの互換性を保証するための測定方法，環境を明確化した技術報告書．

## 7.3　IDの標準化

　ユビキタス社会では，世の中のいろいろな物の識別や関連付けをするために，IDを割り当てる．このIDは，公正にかつ正しく管理されなければならない．現在，IDの標準化には，いろいろな団体が提案をしている．

● EPC Global

　アメリカのマサチューセッツ工科大学（MIT）が中心となり，1999年に自動識別の研究機関としてAuto-ID Centerが設立された．この研究・開発成果を継承した標準化活動を移管するために，**EPC**（Electronic Product Code）**システム**の実用化を推進する非営利法人として，国際EAN（European Article Number International：共通商品コードの標準化及び管理機関）協会とUCC（Uniformed Code Council：アメリカ・カナダ商品コード管理機構）が共同でEPC Globalを2003年10月30日に設立し，EPCシステムの普及を目指している．

## 7.3 IDの標準化

　EPCシステムとは，RFタグとインターネットを利用した運用・管理システムで，バーコードにとって代わるシステムと言われている．コード機関から割り当てられるEPC（企業番号，商品番号，シリアルナンバー）をRFタグに書き込み，これをもとにネットワーク経由で商品データベースから情報などを得ることができる．このID体系はEPCでは96ビット長であり，拡張が可能である．日本では，財団法人流通システム開発センターがEPC Globalの窓口となることが決まった．Auto-ID Centerの従来の拠点は，Auto-ID Labsとして研究・開発を継続している．

### ●ユビキタスIDセンター

　ユビキタスIDセンターは，「モノ」を自動認識するための基盤技術の確立と普及，そして最終的にはユビキタスコンピューティングを実現することを目的として，2003年3月にT-Engineフォーラム内に設置された．T-Engineフォーラムには，ユビキタスID技術WGとユビキタスID応用WGの二つのWorking Groupがある．ユビキタスIDセンターは，「モノ」に付与するID体系（ucode）の構築を目指している．

　ID体系はユビキタスIDでは128ビット長であり，拡張が可能である．コード識別子によって既存コード（JAN（Japanese Article Number）コードなど）を吸収できるように考えられている．

### ●GCI

　GCIはGlobal Commerce Initiativeの略で，国際的なサプライ・チェーンの効率化を図るため，メーカーや小売業が組織した団体である．標準化，要求条件などを検討している．

### ●GTAG

　GTAGはGlobal Tagの略で，国際EAN協会とUCCが共同で，RFタグの調査，研究，標準化を行っている．また，ISO/IEC 18000-6の標準化活動を進めている．

### ●AIAG

　AIAGはAutomotive Industry Action Groupの略で，タイヤやホイルの識別

を行うRFタグの標準化を推進している．読み取ったタイヤの識別IDから，データベースに車両識別番号の問合せを行う．

● 経済産業省

経済産業省は2004年1月，RFタグの有効性や課題を明らかにする実証実験を，アパレルや書籍など4業界で実施した．また，RFタグの単価を5円以下と低価格にする「響プロジェクト」を2004年4月から開始した．

RFタグは商品の効率的な管理を可能にして，新サービスを生む原動力になる．この響プロジェクトの中で，RFタグの日本統一の規格案をまとめていきたいと経済産業省は考えている．

RFタグの標準規格は2種類ある．一つは商品コード，もう一つはUHF帯を用いたリーダ・ライタとRFタグ間の無線インタフェースである．ID体系は，発番機関コード，企業コード，品目コード，シリアル番号からなり，特にコード長は規定していない．基本的にはISO規格を適用し，既存コード体系の流用を可能としている．

● 総務省

総務省は2003年4月から，「ユビキタスネットワーク時代における電子タグの高度利活用に関する調査研究会」（座長：齋藤忠夫　東京大学名誉教授）を開催し，医療，食，教育などの多様な分野で活用が期待されているRFタグの高度利活用に向けて，総合的な推進方策などの検討を行っている．

ここに紹介した団体や省庁の他にも，出版業界，自動車業界，航空業界，電子機器業界，物流業界，運輸業界などが規格や標準化の検討をしている．しかし，業界独自の規格や標準化は，ユビキタスネットワークの発展に良い影響は及ぼさない．今後の省庁や各団体の動向には，注意を払って見守る必要がある．

## 7.4　　IEEE 802.15について

IEEE 802.15は，WPAN (Wireless Personal Area Networks：個人用無線

ネットワーク)の実現に向けた技術の検討を進めている．IEEE とは Institute of Electrical and Electronic Engineers Inc. のことで，アメリカ電子電気学会のことである．規格の作成にはアメリカ，日本，ヨーロッパなどが参加し，ここで作成された標準規格は ANSI（American National Standards Institute：アメリカ国家規格協会）を通して ISO にも提案され，国際標準として採用されている．IEEE 802.15 は，HomeRF（Home Radio Frequency，無線 LAN の IEEE 802.11 に基づく 1 Mbps/2 Mbps の家庭内無線通信の標準化）分科会，および Bluetooth SIG（Bluetooth Special Interest Group，Bluetooth 特別委員会．1 Mbps，10 m 程度の個人用携帯型無線通信技術）と連携を取りながら作業を推進している．

IEEE 802 委員会の役割を表 7.4 に，IEEE 802.15 の審議内容を図 7.3 に示す．

表7.4　IEEE 802 委員会の役割

| 委員会 | 役割 |
|---|---|
| 802.1 | 上位層インタフェース |
| 802.2 | 論理リンク制御 |
| 802.3 | CSMA/CD バス媒体アクセス制御（イーサネット） |
| 802.4 | トークンバス媒体アクセス制御 |
| 802.5 | トークンリング媒体アクセス制御 |
| 802.6 | メトロポリタンエリアネットワーク（MAN）802.7 ブロードバンド技術支援グループ |
| 802.8 | 光ファイバ技術支援グループ |
| 802.9 | 音声・データ統合 LAN |
| 802.10 | 相互運用可能な LAN のセキュリティ（安全性）に関する標準 |
| 802.11 | 802.11 無線 LAN の規格化 |
| 802.12 | 100 VG-Any LAN（ファーストイーサネット）の規格化 |
| 802.15 | WPAN 向けの MAC および PHY 仕様 |
| 802.16 | 無線ブロードバンド |

```
                WPAN：Wireless Personal Area Network
                       半径10m程度の低電力無線通信
                        IEEE 802.15が標準化

                           ┌─────────────┐
                           │ IEEE 802.15 │
                           └─────────────┘
         ┌──────────────┬──────────────┼──────────────┬──────────────┐
  ┌─────────────┐ ┌─────────────┐ ┌─────────────┐ ┌─────────────┐
  │IEEE 802.15.1│ │IEEE 802.15.2│ │IEEE 802.15.3│ │IEEE 802.15.4│
  │Bluetooth V.1.1│ │WLANとの共存│ │ High Rate  │ │  Low Rate   │
  │             │ │             │ │             │ │   ZigBee    │
  └─────────────┘ └─────────────┘ └─────────────┘ └─────────────┘
         │                              │
  ┌─────────────┐               ┌─────────────┐
  │IEEE 802.15.1a│               │IEEE 802.15.3a│
  │Bluetooth V.1.2│               │物理層の高速化│
  │             │               │    UWB      │
  └─────────────┘               └─────────────┘
```

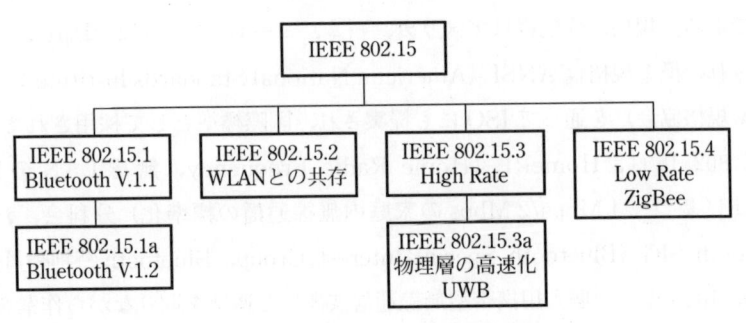

図7.3 IEEE 802.15の審議内容

## ●IEEE 802.15.1

Bluetooth v1.1をベースとしたWPAN向けの規格であり，Bluetoothの下位レイヤをそのまま流用しているので，Bluetooth v1.1仕様と完全な互換性を持っている．Bluetoothは，IEEE 802.15.1とIEEE 802.15.2（BluetoothとWi-Fiの共存）に属する．

## ●IEEE 802.15.3 WiMedia

WiMediaとは，携帯電話や電子レンジ，Wi-FiやBluetoothといった普及の進んでいる他の無線ディバイスの規格と同じ周波数帯域を利用し，メディアファイルを高速で伝送できる．組み込みの対象になる機器としてあらゆる家電製品が想定され，それらにはユーザが何も操作しなくても無線で接続できる．超広帯域無線（UWB）は802.15.3aに属する．

## ●IEEE 802.15.4

省電力・低コストで機器間の無線通信を確立する低速伝送の無線ディバイスの規格で，ZigBeeはここに属する．次世代RFタグシステムもここに入るであろう．

## ●IEEE 802.15ワーキング・グループ

WPAN向けのMACおよびPHY仕様を開発するためにIEEE 802.11から独立し，業界団体Bluetooth SIGの標準化と並行して規格化作業を進めている．

## 7.5 　　　日本の移動体識別装置の規格

　13.56 MHz を用いたワイヤレスカードシステムには，電波産業会（ARIB：Association of Radio Industries and Businesses）が，ARIB STD-T 60 として標準規格を制定している．ワイヤレスカードシステムの無線局には，免許を要しない無線局，簡易無線局，構内無線局の 3 種類がある．なお，新たに高周波利用設備として利用することになった同システムは，標準規格 ARIB STD-T 82 として制定されている．

　2.45 GHz 帯を用いた**移動体識別装置**には，電波産業会が RCR STD-1（構内無線局）と RCR STD-29（特定小電力無線局）として標準規格を制定している．この両技術規格の唯一の違いは，送信機の空中線電力（送信機の高周波出力電力）の差だけである．

　構内無線局と簡易無線局は免許を要する無線局として認可されるが，操作をする人には無線従事者免許を不要としている．また，特定小電力無線局は，無線局の免許も無線従事者免許も不要な無線局である．この両無線設備については，法的に見ると，構内無線局は通信の保護の対象になるが，特定小電力無線局は保護の対象外とされている．

# 第8章
# 非接触ICカードとRFタグの市場動向

　非接触ICカードやRFタグを用いて人や物を管理する上での利便性から，アパレル，印刷，サービス，自動車，商社，出版，金融，交通，流通，情報通信など，さまざまな業界での導入の動きが高まっている．

　これまでの章では，非接触ICカードやRFタグについての技術や標準化動向について説明してきた．この章では，ユビキタスネットワークをキーワードに，非接触ICとRFタグの現時点での実証実験に見る実用性と課題，市場の動向について解説する．

## 8.1　実証実験の結果

### (1)　書籍業界

　書籍業界では13.56 MHzよりも，長距離の通信ができるUHF帯のRFタグに期待を寄せている．なぜなら，書店では出入り口などに万引き防止ゲートを設置して万引きを抑止しようとしているが，大型店では出入り口の幅が約4 mの広さになる場合もあるからである．出入り口の両側にリーダを設置するとしても，この場合には最低2 mの通信距離が必要になる．13.56 MHzの万引き抑止用RFタグでは70 cm程度の通信距離しかとれないため，5 m程の距離をカバーするUHF帯のRFタグが注目されている．日経BPの記事[*8-1]によると，書籍業界ではUHF帯の無線RFタグを実用化するための実証実験を進めている．日

---

[*1-1]　http://itpro.nikkeibp.co.jp/free/NC/NEWS/20040514/144181/index.shtml

## 8.1 実証実験の結果

本出版インフラセンター（JPO）と RF タグ関連ベンダー 13 社は，UHF 帯 RF タグを使った実証実験を行い，2004 年 5 月 14 日にその結果を公表した．

主な実験内容は，以下の 3 点である．

① UHF 帯 RF タグの読み取り精度の検証
② UHF 帯 RF タグと 13.56 MHz の RF タグの読み取り距離および読み取り角度の比較
③ UHF 帯と近い周波数を利用する携帯電話への電波干渉

実験の結果，①の読み取り精度では，書籍数が多く文庫本のように書籍サイズが小さいほど読み取り精度が低くなることがわかった．読み取り精度は 30%〜100%となっているが，この原因は，RF タグを読み取るアンテナを各環境において測定条件を同じにするために 1 枚しか使っていなかったからだと考えられる．アンテナを複数枚使えば，読み取り精度は 100%に近付くと見込んでいる．

②の読み取り距離は，13.56 MHz の RF タグが 25〜50 cm だったのに対し，UHF 帯 RF タグでは 1〜5 m の距離が取れることがわかった．読み取り角度は，13.56 MHz の RF タグが角度によってはまったく読み取れないこともあったが，UHF 帯 RF タグは角度に関らずまんべんなく読み取ることができた．

③の携帯電話への電波干渉は，実証実験では見られなかったようだ．また，携帯電話の電波が RF タグの読み取りに影響を与えることもなかったと報告されているが，この内容については携帯電話会社がすんなりと受け入れるとは思えないので，さらなる実験が要求されるであろう．

これらの実証実験では，UHF 帯 RF タグの読み取り精度などの基本的な項目を検証したようだが，2004 年秋から始める新たな実証実験では，製本時の RF タグの実装方法や，流通過程や店頭でどのように RF タグから得られる情報を使うかといった，実業務に即した実証実験を行う予定になっている．また，万引きされた本が新古書店に流通するのを防ぐための実験にも取り組む予定で，リサイクルブックストア協議会などと協力して，「新古書店からの逆流返本防止」として RF タグに代金支払済みの情報がない書籍を買い取らないといったシステムを

考案している．

UHF 帯を使った実証実験は，このほか家電業界，アパレル業界，食品流通業界，航空業界（航空手荷物）などでも現在進められている．

### (2) 食品流通分野

食品流通分野における RF タグの活用に関する実証実験は，2003 年 9 月 24 日から 2003 年 11 月 23 日まで行われた．参加企業は，NTT データ，マルエツ，丸紅，大日本印刷，王子製紙，日本電信電話，マイティカード，マーケティング総合研究所，その他食品メーカー 17 社，卸企業 7 社である．実証実験の結果，RF タグの課題として，機器の性能向上，コスト削減，電波特性による限界，インフラや標準の未整備などが挙げられた．

ビジネス的な課題としては，ソースタギングの確立，RF タグシステム導入が業界にとってメリットある仕組みの構築，消費者のプライバシーの保護，RF タグ廃棄の際の環境問題，国際的なコードや周波数の標準化，業種ごとのコードや手順の整合などが挙げられている．2004 年 1 月 8 日から 2 月 6 日まで，ユビキタス ID センター，よこすか葉山農業協同組合，京急ストア（能見台店，平和島店，久里浜店），横須賀青果物，横須賀テレコムリサーチパークが共同で，3 万個の野菜を対象に日立製作所のミューチップを用いた販売実験を行った．

また，春雪さぶーるではリライタブル型 RF タグを用い，生ハムの原産地や生産者情報について，自社のサーバを参照して管理するシステムの実験を行った．

### (3) 商品流通

商品流通では，NTT コムウェア，Sun Microsystems, 大日本印刷などが，大日本印刷柏工場から東洋倉庫を経てキリンビバレッジ湘南工場へ配送するすべてのコンテナに RF タグを装着し，日本で初めて異業者間の RF タグ追跡実験を行った．ここでは，EPC Global の EPC (Electronic Product Code) や SAVANT (EPC を読み取るリーダを制御し，EPC に対応する情報を読み書きするソフトウェア) などの技術を用いた．RF タグには大日本印刷の ACCUWAVE, チップ本体には Philips 製の i-CODE を用い，NTT コムウェアが運営するインターネットデータセンター内のデータベースに RF タグの EPC を登録した．

### (4) アパレル業界

　アパレル標準化の実証実験として，1998年度に通産省補助金によるSPEEDプロジェクトが行われた．縫製会社でRFタグを取り付け（実証実験ではアパレルメーカーの流通センターで取り付けた），アパレルメーカーで入荷検査，出荷検品，棚卸しを行い，百貨店（伊勢丹）で入荷検品，売上登録，返品，棚卸を行い，RFタグの有用性の確認が行われた．実験には，吉川アールエフシステムのRFタグ（125 kHz）を用い，実験に使ったサンプルは，ハンガー物として紳士用スーツ，箱物としてシャツとネクタイであった．

　この実験の結果から，人口雑音（エレベータやインバータ蛍光灯などからの雑音）の対策，マルチリードの読み取り精度，書込み時間の短縮などが今後の課題となった．

　また，返品商品の検品においてのRFタグの読み取り実験を，2000年と2001年に135 kHzと13.56 MHzのRFタグを用いてオンワード樫山が行った．バーコードはバーコードリーダで一つ一つの商品を読み取る方式であるので，RFタグでは複数の商品情報を同時に読み取ることが期待されていたが，今回の実験においての読み取り精度は96.8%であった．この実験は，倉庫におけるアパレル商品返品時の検品作業を想定したものだが，今回の実験結果では実用化には踏み切れないと結論付けられた．

　アパレル業界のRFID研究委員会では，RFタグへの要求仕様として，一括読み取り機能（50枚程度），スリープモード機能（一度読み取ったRFタグはリーダ・ライタで再度読み取らない），一括書込み機能，RFタグメモリの共有化などをあげている．

## 8.2　業界の動向と実用化

### (1) 印刷業界

　印刷業界では印刷技術をベースにして，接点型ICカード，非接触型ICカード，RFタグなどの多様な加工を施した製品やリーダ・ライタを商品化している．

●出版物の在庫管理や販売管理への利用

　講談社，小学館など出版 500 社，取次会社 40 社，書店 9,000 店が加入する日本出版インフラセンターでは，IC タグ研究委員会が中心となり，RF タグシステムの導入を前向きに検討している．IC タグ研究委員会とは，出版業界各社が中心となって，従来の ISBN（International Standard Book Number）システムに代わる，出版物の在庫管理や販売管理に RF タグシステムを利用しながら書籍の万引き防止にも RF タグを利用する方法を検討するために設立された．

　出版物の在庫管理や販売管理を効率よく行うために，図 8.1 や写真 8.1 のようなシステムを構築しているメーカーもある．ソースタギングとは，メーカーの製造工程であらかじめ書籍に RF タグを取り付ける方式である．この方式のよって，問屋や販売店では RF タグの取り付けにかかる作業工数を軽減できる．

●出版業界への導入を前に

　ユビキタスネットワークにおける RFID システムの研究と実用化が，個々の

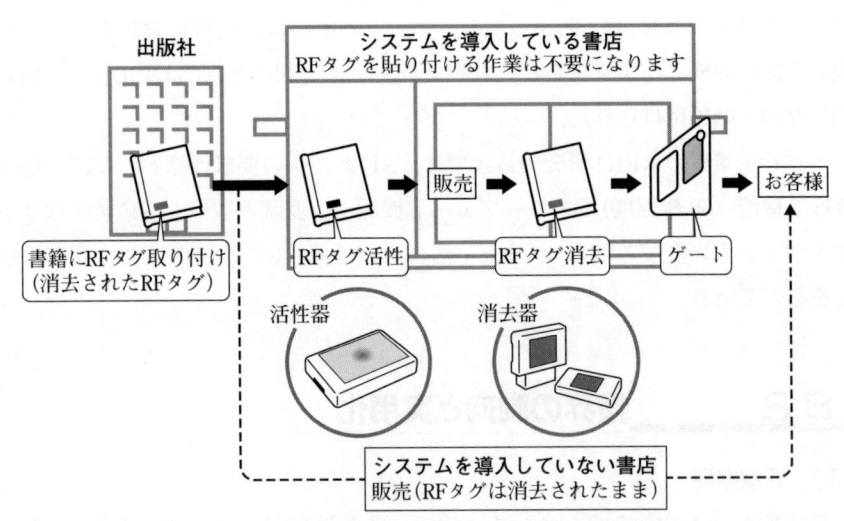

SAS（Security Aided System）物品監視システム
図 8.1　システムソースタギングのしくみ

8.2 業界の動向と実用化

**製本時装着**
書籍の背などに直接タグを埋め込む方法

**ハンドラベラー**
書籍の裏表紙に貼付する方法

極細の感知物（タグ）

極細の感知物（タグ）

SAS（Security Aided Systems）物品監視システム
（出典：ユニパルス株式会社 Web ページより）

**写真 8.1** さまざまな流通形態に対応できるソースタギング手法

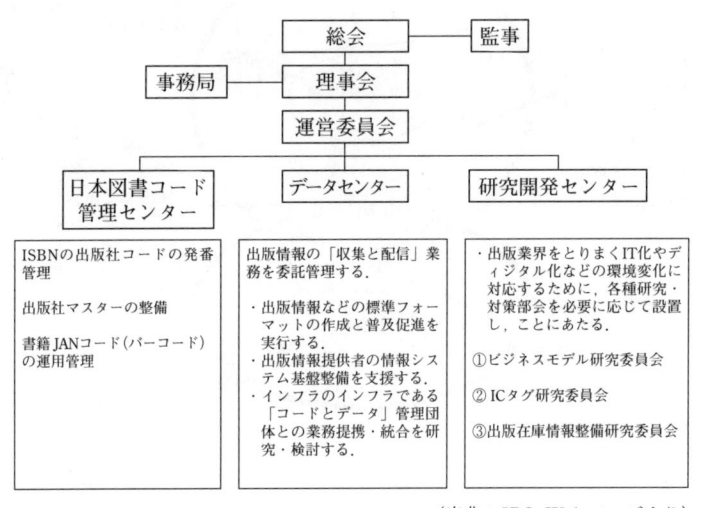

```
        ┌──総会──監事
    事務局─理事会
        └─運営委員会─┐
  ┌──────┼──────┐
日本図書コード  データセンター  研究開発センター
管理センター
```

| ISBNの出版社コードの発番管理 | 出版情報の「収集と配信」業務を委託管理する． | ・出版業界をとりまくIT化やディジタル化などの環境変化に対応するために，各種研究・対策部会を必要に応じて設置し，ことにあたる． |
| --- | --- | --- |
| 出版社マスターの整備 | ・出版情報などの標準フォーマットの作成と普及促進を実行する． | ①ビジネスモデル研究委員会 |
| 書籍JANコード（バーコード）の運用管理 | ・出版情報提供者の情報システム基盤整備を支援する． | ②ICタグ研究委員会 |
|  | ・インフラのインフラである「コードとデータ」管理団体との業務提携・統合を研究・検討する． | ③出版在庫情報整備研究委員会 |

（出典：JPO Web ページより）

**図 8.2** 日本出版インフラセンター組織図

企業の検討レベルでなく産学官の研究機関，大学，企業，ベンダーの共同で行われている．そこで，出版業界とIT企業・団体などが共同で，RFタグシステムの仕様の標準化及び互換性の確保を目的として，2003年3月19日に，松下電器産業，日立製作所，IBM，日本ユニシス，大日本印刷，凸版印刷などが参加したICタグ技術協力企業コンソーシアムを結成した．

ICタグ研究委員会では，RFタグの出版業界における可能性をより技術的に検討するために，装着部会，タグ・リーダ・ライタ部会，システムネットワーク部会の三つの分科会を設置した．図8.2に，日本出版インフラセンターの組織図を示す．

### ●流通も含めた構造改善

ここ数年の出版不況から脱するために，生産から販売までの一貫した出版流通

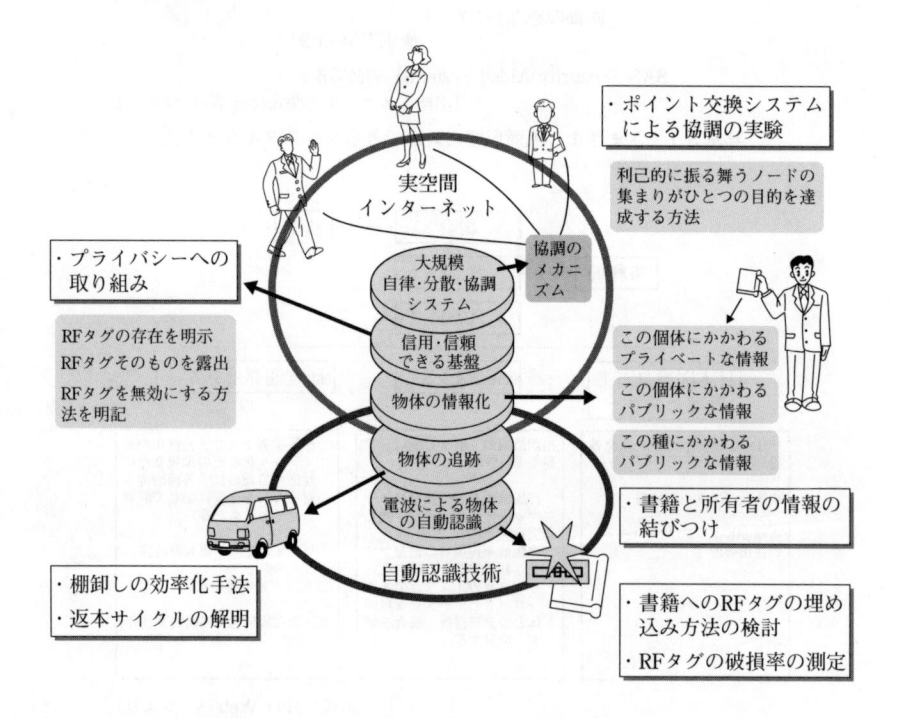

図8.3 RFタグシステムを構成する五つの階層と書籍を用いた実験項目

**写真 8.2** アメリカ Alien Technology が開発した 2.45 GHz 帯の無線 RF タグ

構造の改善が検討されている．大きな課題は，流通在庫の正確な把握，万引き防止[*8-2]，新古書店からの逆流返本の対策が挙げられる．

出版情報と流通のシステムの構築にあたり，共同化や標準化は重要な役割を果たす．RF タグの活用によって個体識別と追跡が可能になりさえすれば，大きな課題となっている流通在庫の正確な把握，万引き防止，新古書店からの逆流返本などの問題は解決される可能性が高い．

● ネックとなる価格

RF タグのシステムを導入することは，出版業界全体にとって大きな負担になる．また安価な書籍では，その本の価格に対して 1 個 10 円程度の RF タグでもその費用が無視できない．

しかし一方では，RF タグの組込み費用を安く抑えるために，本の印刷と同時に RF タグまで刷り込めるような，5.5 節に記した有機半導体技術に大きな期待がかかっている．また，リーダ・ライタについても，6.5 節に記したような安価な装置の見通しがついてきている．この価格の問題が解決すれば，システムの導入が急速に進む可能性のある業界といえるだろう．

(2) 流通業界

流通業界では業務の効率化と同時に，消費者のニーズを的確にとらえた店舗作りやサービスの提供，売れる商品の品揃えなど，競合店との差別化を図らねばな

---

[*8-2] 2002 年 6 月に経済産業省が書店を対象に行ったアンケート調査では，1 店舗あたりの万引き被害額は平均 210 万円にのぼり，粗利益の 5〜10% に相当する

らない．

● 次世代バーコードシステムとしてのRFタグ

　RFタグシステムは，次世代バーコードとしても期待されている．コンビニエンスストアなどでは現在，バーコードリーダを備えたPOSレジにより，在庫の管理，商品発注の迅速化，販売動向の調査などが行われている．近い将来，情報量が多く，情報の書き換えのできるRFタグを活用することにより，バーコードシステム以上に販売予測が正確に行えるようになる．

　例えば牛肉のトレーサビリティにおいては，既存のバーコードではどの牛肉パックにも同じコードが付与されている．これが，情報量の多いRFタグに置き換わると，個々の牛肉パックがどのような流通経路を通過したかといった情報も管理できるようになるので，牛肉の個体の識別も可能となる．

　しかし，バーコードの利用がRFタグよりも便利なものは残るだろう．例えば通信販売においては，商品カタログや通販雑誌などの広告媒体で紹介されている商品に対応するバーコードを携帯電話などで読み込んで，ウェブサイトから情報を得るシステムなどがある．これをRFタグで行おうとすると，1冊の本の中に莫大な数のRFタグを埋め込む必要があるので，商品カタログや通販雑誌の価格が高くなってしまう．また，読み取る側のリーダでも，RFタグを分離識別するために強力なアンチコリジョン技術が必要になる．各商品カタログや通販雑誌などに1個のRFタグを付け，その本に記載されている各商品を一覧できるWebサイトのURLをRFタグに記録しておく方法も考えられるが，個々の商品の番号を人手で入力するなどの手間が発生する．現時点では，このような目的にはバーコードシステムの方が適している．

● バーコード対RFタグ

　商品の流通の過程において，流通業者が途中で付加したバーコードなどが増え，一つの商品を識別するために複数のバーコードが重複して付けられることがある．これらのバーコードは，複数の流通に関与する業者が商品を正常に処理したことを確認するための記録として必要なものである．この用途は，RFタグでは一つで対応できる．複数企業と協力することによりコストを分散することがで

表8.1 バーコード対RFタグ

| | バーコード | RFタグ |
|---|---|---|
| 読取り方法 | 手作業で1つずつスキャン | 複数を同時に読み取ることが可能. |
| 情報量 | 6ビット | 96ビットまたは128ビットの可能性が高い |
| 種別認識 | 可能（ただし，種別か固体のどちらかしか，一つのバーコードではクリアできない） | 一つのRFタグで可能. |
| 固体認識 | 可能（ただし，種別か固体のどちらかしか，一つのバーコードではクリアできない） | |
| 媒体として他の商品の種別を識別 | 可能 | コストの問題あり |
| 固体に対する処理を識別 | 複数のバーコードを付与することにより可能. | 共通のプラットフォームを多くの企業で共同利用できれば可能. |

きるので，利用コストを大幅に低減することもできる．実際にいくつかの企業は，各分野で協力しながら実証実験を行っている．RFタグやバーコードを用いたモノの個体管理では，モノ自体の識別だけでなくその流通の過程やその品物の位置，状態などの属性を適切に管理できるので，顧客へのサービス向上に結びつく．これは流通業者に限ったことではなく，いろいろな業界におけるビジネスプロセスの合理化も可能である．また，消費者を含めたモノにかかわるビジネスプレーヤ全体で最適化していくと，さらに効果は大きいであろう．表8.1にバーコードとRFタグの特徴を比較した．

### ●食品安全管理

近年，BSE問題の顕在化により，食品トレーサビリティシステムへの注目が高まっている．生産履歴，流通履歴などを作成し，追跡ができることが重要とされている．食品の生産履歴，流通履歴を正確に把握し，その情報を消費者が知ることができるということは重要である．食品事故が発生したときにも，その原因の特定後，速やかに被害範囲を特定できる．しかし，トレーサビリティシステム

が導入されている食品と導入されていない同じ食品の間に販売店で価格差が生じると，消費者が安価な方へ流れることも考えられる．

●野菜のトレーサビリティシステム

「お野菜どこからナビ」は，運搬用トレイに取り付けたRFタグに情報を書き込み，生産地，品名，等級，出荷日時，保管温度，流通経路などの情報を店頭のディスプレイで確認できる．

食品の入出荷管理では，イギリスのスーパーマーケットSainsburyが，生鮮食品用のプラスチックコンテナにPhilips製のRFタグを装着し，配送元・荷受地に設置したゲート型アンテナを通過させることで，入出荷管理，時間管理を行っている．

生鮮品管理としてはMarks and Spencerが，冷凍食品のサプライチェーンの最適化を目的に，読み書き可能なRFタグを850万個の再利用可能プラスチックトレイに取り付けたところ，トレイ読み取り時間が29秒（バーコード時）から5秒に短縮され，システム運用コストが10分の1に削減された．

●JR貨物

JR貨物では，コンテナと貨車にRFタグを取り付け，コンテナが正しい目的地の貨車に間違いなく積載されているかどうかを管理している．コンテナと貨車にRFタグを取り付けての実験は，旧国鉄時代からも行われている．

●ピッキング管理，在庫管理

ネット専業スーパーのFigleaves.comでは，各商品にRFタグを取り付け，台車にリーダとディスプレイを搭載することで，台車のパネルにピッキング（選んで抜きとる）指示を表示させて作業の効率化を図り，同時に自動検品も行っている．

イギリスのScottish Courageでは，1997年からRFタグを使ったビールのサプライチェーン管理に取り組み，在庫管理や品質管理も行っている．

リアルタイムで在庫管理を行うということで，GAPでも各製品にRFタグを取り付け，配送センターから店舗に至るまでの製品の追跡を行っている．

RFタグを利用した航空手荷物管理の高度化

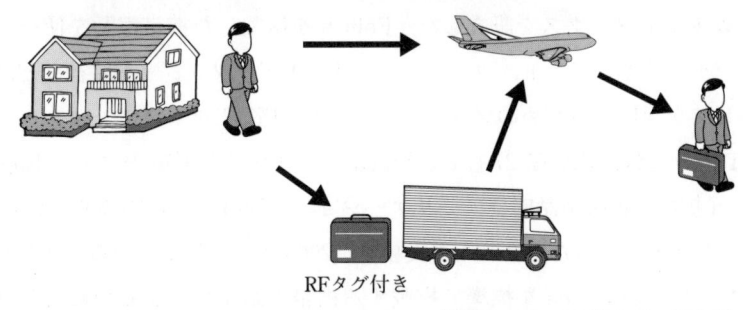

RFタグ付き

（出典：e-airport Web ページより）

図 8.4　e-タグ（RFタグ）を活用することで手ぶら旅行を実現

### （3）　サービス業分野

サービス業分野において RF タグの導入に前向きなのは航空業界である．航空手荷物の管理には現在バーコードタグが使用されてるが，IATA（International Air Transport Association）の統計によると，年間約 750 万個の手荷物が紛失している．この紛失手荷物の削減やセキュリティの向上のために，RFタグ技術の検討が行われている．

2000 年 11 月に国土交通省でも，「RFID 技術応用による航空手荷物管理システムに関する調査委員会」を設立し，2002 年 3 月まで実証実験も実施してきた．実証実験では，世界初の回路印刷方式による低コストタグと書込み容量の大きいタグの 2 種類を用いて，空港施設で行った．航空手荷物の管理用 RF タグが導入されると，手荷物紛失事故の削減，セキュリティ向上，乗換えや手荷物処理時間の短縮などへの効果が期待されている．

### （4）　通信業界

通信業界では，普及率の高い携帯電話の多機能化やインターネットを活用した情報提供，ネット販売の拡大などから，携帯電話をユビキタスネットワークの端末としてサービス提供を検討する企業が増えている．

● FeliCa と携帯電話の融合

ソニーと NTT ドコモは，2004 年 1 月，ソニーが開発した非接触 IC カード技

術FeliCaを携帯電話に搭載できる新型ICチップを開発するために，合弁会社フェリカネットワークスを設立した．FeliCaを搭載した携帯電話を使って，航空，エンターテインメント，コンビニエンスストア，クレジット会社などが各種のサービスを提供するためのプラットフォームを構築している．

NTTドコモは国内企業27社と，SuicaやプリペイドS型電子マネーEdyなどのFelica技術と携帯電話向けアプリケーションを連携させる実験や，FeliCa搭載iモード端末を使ったフィールド実験を，2003年12月17日から開始した．

NTTドコモがFelicaを標準で搭載する携帯電話を発売するのに合わせ，そのシステムサービスを採用する各サービスプロバイダは，順次サービスに移行する予定だ．

● 実用例

2004年4月13日にJR東日本は，携帯電話にカード型乗車券Suicaの機能を盛り込んだ電子乗車券のサービスを2005年秋から開始すると発表した．Suica機能を有するICチップ内蔵の携帯電話を，カード型乗車券Suicaと同じように自動改札機に軽くタッチするだけで改札を通過できる．携帯電話の本来の通信機能を利用していつでもどこでも入金できるほか，使用履歴や残額などの表示も可能となる．クレジット機能を付加することで，定期券や切符を購入したり，駅構内の飲食店，物販店，専門店で買い物する場合は，銀行口座から代金を引き落とすこともできるようになる．このサービスを利用するには，Suicaのチップを内蔵した携帯電話の新規購入または機種変更が必要となる．

全日本空輸では，Edy（写真8.3〜5に示す）機能を付加した携帯電話を使って買い物をするとマイルが貯まるサービスを開始した．将来はANAマイレージクラブカードと機能を統合して，航空券の購入からマイルの利用まですべてのサービスが携帯電話で利用できるようになる．

チケットぴあでは，デジゲートにFelica読み取り機能を追加して，Felica対応携帯電話をかざすだけで入場できるようにする．

セガでは，ゲームセンターにFelica搭載のゲーム機を設置，携帯電話のEdy機能により電子マネーでゲームを楽しむことができるようになる．これに加え，

## 8.2 業界の動向と実用化

**写真 8.3** Edy 入金端末

**写真 8.4** Edy 支払い端末

(写真 8.3-8.5 資料提供：株式会社ビットワレット)
**写真 8.5** Edy リーダ/ライタ

プレイ金額に応じてポイントを加算し，貯まったポイントでもプレイできる．従来のEdyカードとも互換性をもたせ，相互にポイントが融通できるようにする．

国内信販は福岡市のマンションで，Felica搭載携帯電話を鍵の代わりに使えるシステムを実用化させようとしている．

ジェーシービーは，会社の入室時の認証や社内食堂や売店での買い物の決済をFelica搭載の携帯電話でできるようにするために，実際の店舗での利用動向を検証している．

### ●電子チケット

アミューズメントパークの入場券などでも，非接触ICカードやRFタグシステムを利用した電子チケットの利用が検討されている．2005年3月から開催さ

(出典：EXPO 2005 AICHI JAPAN Web ページより)

写真 8.6　愛・地球博（愛知万博）

れる愛知エキスポ 2005「愛・地球博」では，入場券 1 枚 1 枚に固有の RF タグを貼り付け，入場券をリーダ・ライタにかざして ID の確認を行ったり，駐車場から飲食店・各種パビリオンの入場料の支払いができるようにする予定である．その他のアミューズメントパークでも，キャラクターの付いたリストバンドにRF タグを埋め込み，1 日フリーパス券として使えるような入出場管理システムへの応用が検討されている．

ラスパ OSAKA（市営施設）と鶴見緑地プール（大阪市鶴見区）では，RF タグ内蔵のリストバンドで，入場者管理用，館内での飲食費，物品購入費，レンタル品借用費，マッサージ料金などの支払いができるようになっている．

● ぴあのデジポケサービス

2003 年 10 月，首都圏を中心に発行されている情報誌「ぴあ」が，携帯電話にダウンロードしたデータを入場券として使用できるサービスを開始した．他人にチケットを譲渡する場合も，携帯電話でのやり取りで受け渡しが可能である．

サービスを利用するには会員登録が必要であるが，会員が自宅のパソコンや携帯電話で電子チケットを購入すると，会員固有の電子私書箱であるデジタル・セキュリティ・ポケット（デジポケ）に電子チケットが保管され，電子チケットを赤外線通信機能のある携帯電話に転送すると，イベント会場に設置されたデジゲートに携帯電話をかざすだけで入場が可能となる．また，チケット情報を IC カードにダウンロードすれば，IC カードによる入場も可能となり，電子チケット

付きのクーポンと共に，他人のデジポケへ送ることも可能．

　このICカードサービスは，当面，ぴあカード会員を対象として行われ，現在は首都圏を中心に映画館，ホール，劇場，ライブハウス，スタジアムなど約40カ所にデジゲートが設置されているが，将来的には全国の主要会場に拡大する計画がある．従来の携帯電話などによる電子チケット購入・決済サービスはID/パスワードのみで個人を認証していたため，安全性が低かった．また，実際のチケットのほとんどは郵送によって送付されるので，イベントの数日前にチケットの販売を締め切っていた．しかし，このICカードサービスのシステムでは，開演の直前まで発売を続けることも可能（当初は3時間前まで）になり，興行主も売損じが少なくなることを期待している．

　ぴあ電子チケッティングサービスの2002年度の売上高は，ぴあチケット全体の売上げの約15%にあたる約82億円だった．電子チケットにクーポンサービスを合わせて，2004年度は200億円強の売上げを見込んでいる．

## (5) 自動車産業

　自動車産業では20年以上前から，部品情報の管理のためにタグやRFタグシステムを導入してきた．これまで自動車の生産ラインでは，効率化のためにあらゆる工程で産業用ロボットの導入が図られ，自動化されてきたが，自動車は非常に多くの部品から構成されており，同じ車種でもグレードや輸出相手国によって部品も異なるので，その資材的な管理のすべてを当時のコンピュータに頼ることは困難であった．これまでも，保管やマテリアルハンドリングの合理化の動きは見られたものの，手作業が介在する部分も少なくないので，不可抗力によるリコールを避けられないこともあった．RFタグシステムが導入されると，部品に問題があるときは仕入元や納入先を的確に把握できるようになり，トレーサビリティを確実にすることも期待できる．

### ●盗難対策としてのRFタグ

　自動車の盗難防止システムでは，オリジナルの鍵にRFIDチップを埋め込み，鍵の差し込み口の中にはリーダを埋め込む．不正に形状だけをコピーした鍵では本物の鍵に埋め込まれたRFIDチップが持っているIDを認識できないため，エ

(出典：株式会社アルティア Web ページより)
図8.5 イモビライザー（Immobilizer）

ンジンを始動できない仕組みになっている．このシステムは図8.5に示すようになっており，イモビライザー（Immobilizer）と呼ばれている．これは1993年に，フォードが高級車用として最初に採用した．ヨーロッパを中心に広く普及しているシステムで，国によっては搭載を義務付けているところもある．GM（General Motors）はすでに，旧Auto-IDセンターと共同でRFタグの利用に関する標準を策定している．

### ●製造工程でのRFタグ

フォードは工場内での部品在庫管理のために，自動車を構成する各部品にRFタグを取り付け，組立工程での部品在庫の管理を行っている．製造現場ではRFタグとリーダ・ライタの位置関係を比較的安定して固定できるため，情報の読み取り精度を高くすることができた．

### (6) 商社業界

商社業界でも，RFタグの開発からSCM（Supply Chain Management：流通過程管理）ソリューションの構築まで，一連のRFタグビジネスに参入してきている．

### ●丸紅

丸紅は，半導体大手のドイツのInfineon Technologiesと提携し，InfineonのICチップmy-d vicinityを使ったRFタグシステムの開発・販売を進めている．

my-dの主な特徴は，以下の通りである．

- ISO 15693の通信プロトコルに完全準拠していること
- メモリ容量が豊富であること（320バイトと1,280バイトの2種類）
- セキュリティ版のチップには64ビットの暗号キーをかけており，リーダとRFタグとの間において総合認証が必要であることから，セキュリティ性が非常に高い
- 丸紅が出資しているオーストラリアのMazeranが特許を有する周波数ホッピング技術の採用により，1秒間に100枚の同時読み取りが可能という機能をオプションとして備えている．

RFタグ製造では大日本印刷などの4社とパートナーシップを組み，リーダ・ライタ分野ではオムロン，日本信号など6社と，システム構築では日立ソフトウェアエンジニアリングや丸紅ソリューションなどと協力して，近い将来に年間50億円の売上高を見込んでいる．食品流通分野ではマルエツ，NTTデータと共同で，食品や日用品の一つ一つにRFタグを付けてレジでの精算を自動化するとともに，出荷から消費者の手に渡るまでの追跡情報を収集・管理するシステムを構築するため，現在，技術面や費用面での課題を検証している．

● 伊藤忠商事

伊藤忠商事は，衣料やブランド品の分野でRFタグの実用化を検討している．すでにコンバースのバスケットシューズにRFタグを埋め込んだ試作品を開発した．また，バリージャパンと共同で，バリーブランド品の在庫管理にすでにRFタグシステムを採用している．

● 住友商事

住友商事は，大手電気メーカーなどと共同で自社ブランドのRFタグを開発すると共に，リーダ・ライタやアプリケーションソフトを手がけ，物流や生産管理での普及を進めている．

● 三菱商事

三菱商事はシャープと合弁で，RFタグから各種RFタグ関連製品を提供する日本アールエフソリューションを2001年4月10日に設立した．日本アールエフ

ソリューションでは，インテリタグの販売，インテリタグを使用したソリューションの提供，RFタグに係わる新製品の開発及び販売を行っている．マイクロ波を利用したインテリタグでは，交信距離を確保しつつRFタグを小型化している．

●三井物産

三井物産は2002年11月にアメリカのMITのAuto-ID Center（現EPC Global）のスポンサーとなり，同センターの研究および標準化の推進活動に参画してきた．また，子会社の三井物産戦略研究所を中心にSCMの研究を行い，SCMの参画企業とも協力して，幅広い分野でRFタグの導入を図っていくとしている．

(7) 電機メーカー

東芝グループでは，東芝セミコンダクターがRFタグ用LSIを受注生産している．同グループではこれ以外にも，チップの生産やリーダ・ライタなどの機器に必要な汎用LSIの製造を中心にしたビジネス行っている．東芝は独自に開発したICチップから周辺機器まで，Q-Tagシリーズとして幅広い商品を揃えている．グループ会社の東芝テックは，先端情報工学研究所と共同でRFタグを利用したRFタグ専門店，店舗・物流管理システムを開発し，2003年11月より販売を開始した．このシステムは，日本インフォメーションシステムが開発したコインタグ（写真8.7）を採用している．最大約60 cm離れたRFタグの情報を読み取ることが可能で，1.5秒間に100個のRFタグを読み取る能力があり，従来よ

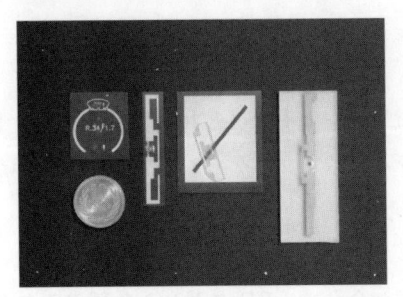

（出典：東芝テック株式会社Webページより）

**写真8.7** コインタグ

りも高効率のシステムが構築できると考えられている．

**(8) 半導体メーカー**

オランダの Philips Semiconductors は，1980 年代より海外を中心として，非接触 IC カードの市場の商用化に向けて動き始めた．非接触 IC カードが普及するためには規格の標準化が重要であるので，1998 年 11 月に非接触 IC カードに関する共通プロトコル通信規格の推進に合意し，標準化活動に積極的に参加してきた．世界標準規格の ISO 15693 準拠の非接触 IC カード・デバイスファミリー i-CODE は，業界で広く使われている IC チップである．小包や航空手荷物の処理，小売サプライチェーン管理など戦略的なアプリケーション専用に設定された i-CODE は，1 年間に世界で 1 億個を売り上げたと言われている．また，スマートラベルと呼ばれる RF タグやリーダ・ライタの開発も積極的に進めている．2001 年 12 月には Auto-ID Center にも加盟し，RF タグ・スマートラベル IC を核に，他の加盟企業と協力して主要プロジェクトに取り組んできた．日本フィリップスは i-CODE コンソーシアムを発足し，製品と市場の活性化を促進している．

アメリカの Texas Instruments は 1991 年，認証システム市場に非接触 IC カードシステム TIRIS を投入した．TIRIS には非接触 IC カード，アンテナ，リーダ・ライタなど幅広い製品があり，非接触 IC カードのスマートラベル Tag-it では，ISO 15693 に準拠した IC とリーダ・ライタを日本でも販売をしている．自動車の盗難防止，物流，アクセス制御，航空手荷物の管理システム，FA (Factory Automation) など幅広い市場で採用されている．アメリカでは，決済機能付き非接触 IC カードのビジネスも展開している．

**(9) 病院での利用**

医療介護の分野でも RF タグの応用が期待されており，いくつかの病院で検討や実験が行われている．筆者らの関連する会社と大学病院では，図 8.6 に示すように入院患者の爪に RF タグを貼り付け，その RF タグの情報とカルテの情報とを照らし合わせることにより，誤った投薬や手術ミスを防止する方法の共同実験を行った．電子カルテと RF タグを併用することにより，初診時や海外でもネッ

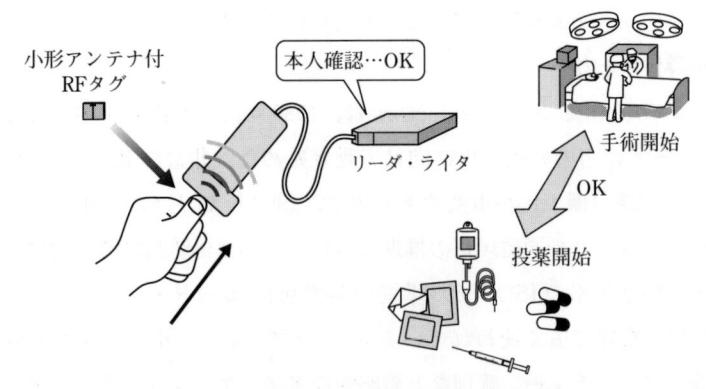

図8.6 医療機関における危機管理に関する研究

トワークを介して患者や要介護者の病歴，アレルギー情報などを瞬時に確認することが可能となった．カルテの持ち出しによる情報の流出や薬剤の不法持ち出しを防ぐ管理も可能になる．

また，薬剤にRFタグを付けることによって薬剤の管理や有効期限，薬の飲み合わせの確認，投薬ミスの防止などへの応用も考えている．Astra Zenecaでは，Diprivanという麻酔薬にRFタグを応用して，麻酔薬の管理を行っている．

(10) 住民基本台帳カード

総務省が推進している住民基本台帳カードは，あらゆる地域で希望者に交付されることになっている．住民にとって利便性が高く，頻繁に利用するものとなる．住民基本台帳カードの交付開始を前提に，保険医療福祉分野ではICカードや住民基本台帳カードと保健医療福祉カードを統合化することにより，経費の削減と効率化を検討している．

水沢市では，住民基本台帳カードの記憶素子の空いている部分を公立病院での診療予約に利用している．

(11) 動物管理

動物管理用として，ペットなどの動物にマイクロチップ（長波帯RFタグ）を埋め込み，「迷子札」として利用するシステムが実用化されている．また，ワシントン条約で輸入規制のかけられているアジアアロワナは，個体数が少なく絶滅

の恐れがあるということで，埋設したRFタグを登録票として個別に管理している．

## (12) その他

　フランス国立科学研究センターでも，動物の生態管理にRFタグを利用している．固有のIDを登録したRFタグを南極のペンギンの皮下に注入し，ペンギンの通り道に重量計測装置を設置する．ペンギンが通ったときにIDと体重を記録して，野生の状況のままでデータを収集することができる．

　イタリアの郵便局では，宛名情報が書き込まれたRFタグを郵便袋に付け，空輸先のコンベア上で行き先が正しいかどうかを判別することで，仕分けの自動化を図っている．また，封筒にRFタグを付けて郵便物に混ぜ，目的地に届くまでの経路と時間の調査などにも利用している．

　食品卸会社West Coast Glossaryでは，車両の走行距離と使用燃料の管理を行うために，RFタグを使った給油システムを導入した．RFタグ (TIRIS) を車両燃料タンクの開口部の近くに取り付け，ポンプの注入口の端にリーダを搭載する．給油時に走行距離計の数値をセットして給油をスタートさせると，ポンプの注入口のリーダが燃料タンクのRFタグから識別コードを読み取り，タンクが満タンになると，給油した燃料を記録して自動的に停止する．給油の時間が従来の半分になり，また，燃料管理データが正確に把握できるようになった．

　北国新聞文化センターでは，藤井（株式会社 藤井）の非接触ICカードを教室備え付けのリーダ・ライタにかざすと，講議への出席記録が自動的に本部教室のデータベースに登録されるシステムを導入している．

　回転寿司店では，回転寿司の料金清算時間の短縮と正確化を目的として，RFタグによる自動清算システムを導入しているところもある．

　ワタキューセイモアでは，クリーニングの白衣を個別管理するシステムとしてRFタグを利用している．商品の所在，洗濯時の入出庫管理，洗濯回数を管理する．

　RFタグシステムはスポーツの世界でも応用されている．例えばトライアスロン大会では，ランナーがRFタグを埋め込んだリストバンドを装着し，チェックポイントに設置したリーダで情報を読み取り，ペース管理を行う．ドイツの

Ober-Ramstadt 身体技術研究所では，TIRIS を用いてこのシステムを実現している．

## 8.3　防犯，偽装防止とバイオメトリクス認証

　防犯の分野では，RF タグが早くから実用化されてきた．しかし，商品本体の価格に比べて RF タグの価格がまだまだ高いので，偽造や盗難を防止したい高価な商品のような限られた分野での RF タグの採用が検討されている．

**（1）偽造ブランド品の防止**

　世界的に有名なブランドの製品は，偽造品も多く出回っている．こうした違法製造品を放置しておくと，ブランドに対する信頼が揺らいでくる．伊藤忠商事や日立製作所は，ブランド製品の管理システムで製品個々に RF タグを取り付け，生産から販売までの経路を確実に捕捉し，偽造品を防止することを検討している．

**（2）紙幣，有価証券の偽造防止**

　日立製作所のミューチップ（写真 8.8）は，その小ささから，紙に混入させて ID を持たせることができるため，紙幣や有価証券の偽造防止にも利用できるのではないかと期待されている．

**（3）バイオメトリクス認証**

　本人確認の技術として，バーコードシステム，光学式文字認識，声紋認識，指

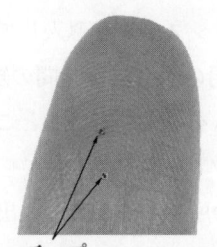

ミューチップ
(0.4mm×0.4mm×0.06mm)
（資料提供：株式会社日立製作所）
写真 8.8　ミューチップ

紋認識，暗証番号，ICカードなどの技術が利用されてきた．しかし，他人のRFタグを利用して他人になりすましたり，RFタグを偽造されたりする危険性がある．個人認証を正確に行うためには，RFタグだけによる認証では不完全といえる．

そこで本人の認証を確実に行うために，バイオメトリクス（生体）認証技術との併用が考えられている．バイオメトリクス認証技術とは，例えば指紋，声紋，顔，虹彩（瞳の色），掌形，静脈などの人間の生体情報を自動識別に利用する技術である．

昨今，指紋センサが安価に購入できるようになり，指紋情報との併用がよく用いられてきたが，指紋は年齢とともに変化したり薄くなったりすることもあり得る．虹彩情報は，カラーコンタクトなどで瞳の色も変えてしまうこともできるため，完全に安全とはいえない．そこで最近，注目されてきたのが静脈情報である．静脈情報は生涯不変であり，万人不同と言われている．また，体内にあるため他人からはわかりにくいという特徴もある．指や手のひらに近赤外線を照射して，それに反応する赤血球から静脈パタンを読み取るものが実用化されている．

バイオメトリクス認証技術は，企業や自治体などで導入が始まっているが，今後，さらに多くの利用分野があると考えられる．

# 第9章
## 現状の問題と今後の課題

ユビキタスネットワークではその用途や目的に応じ，さまざまな情報端末や無線ディバイスが接続される可能性がある．本章では，ユビキタスネットワークの無線ディバイスの限界点，問題点や今後の課題を考えてみたいと思う．

### 9.1 無線という通信媒体

ユビキタスネットワークでは，人を含むすべての物からそれが何なのかという識別情報を発信することが求められる．それを実現するために期待されているのが，非接触ICカードやRFタグなど無線を通信媒体とした技術である．これは，商品情報を記載している既存のバーコードシステムの発展型と考えることもできる．しかし，通信方法に電波を用いているため，同じ周波数を用いる他の無線システムとの干渉問題が存在する可能性があり，それらといかに共存するかが課題である．

#### 9.1.1 2.45 GHz帯の混信問題

ほとんど世界中で共通に使えるISMバンドの周波数は，至近距離のデータ通信にも電波法的には使いやすい周波数であるが，何の目的でも使えるという見方もあり，似たような無線システムが押し込まれている周波数帯でもある．すでに無線LAN，Bluetooth，アマチュア無線，RFタグなどが利用しており，また，身近なところでは電子レンジなどの高周波加熱機器もこの周波数帯を用いている．今後は，ZigBeeをはじめさらにいろいろな無線ディバイスがこの周波数帯

に押し込まれてしまう可能性もある．そこで，多重化技術などを用いた共存も考えなければならない．

　ユビキタスネットワークの至近距離の無線ディバスとして最も有望視されているRFタグシステムについて，この混信問題を考えてみる．最も普及すると思われるRFタグは，電池を搭載しない反射型パッシブRFタグであろう．このRFタグは電池を搭載しないので，リーダ・ライタから送出される電波から自らが動作するための電源を再生しなければならない．電源環境で考えれば，非常に非力な無線ディバイスである．この再生電力が限られているので，無線通信と情報の記憶に必要最小限の回路構成でRFタグは作られている．したがって，この回路規模から考えると，他の無線システムからの混信を避けるような防御回路を入れることは難しい．

　一方で，反射型パッシブRFタグから電波を反射させて情報を得ようというリーダ・ライタは，狭帯域の大きな電力を送出する．これは，無線LANのようなスペクトラム拡散通信方式のシステムからみると，遠近問題が発生し，通信に支障をきたしてしまう．

## 9.1.2　UHF帯のISMバンド

　世界的に2.45 GHzを用いる無線ディバイスには，RFタグシステム，無線LAN，Bluetooth，アマチュア無線，電子レンジなどとの周波数の共存による混信問題が存在する．世界的に至近距離通信用の小電力無線ディバイスは，UHF帯（900 MHz帯）ISMバンドでも使える国が多い．日本では，遅ればせながらUHF帯RFタグとして，2.45 GHzのISMバンドより通信の少ない900 MHz帯の利用への期待も高まっている．今後日本では，ZigBeeなどの無線ディバイスもこの900 MHz帯のISMバンドで使えないかという論議がなされるようになるだろう．UHF帯RFタグは，日本ではまだ検討の段階であるが，例えばアメリカのUHF帯RFタグの報告によると，通信距離は3〜5 mとのことである．また，筆者がかつてアメリカ向けコードレス電話の設計を行ったときに，915 MHzと2.45 GHzの電波伝播実験を行ったことがあるが，直進性の強い2.45

GHzに比べ915 MHzでは，その電波が物体の陰に回り込み，物体の裏にある相手と通信ができることを体験した．これは，物陰にあるRFタグを読み取ることができる可能性を示唆している．

UHF帯ISMバンドは，世界規模で見ると地域によって周波数の割り当てが異なる．日本ではまだRFタグでの利用の検討が始まったばかりであるが，UHF帯RFタグを例にとると，アメリカでは915 MHz帯（902～928 MHz），ヨーロッパでは868 MHz帯（現在は868～870 MHzの2 MHz幅であるが，865～868 MHzの追加割当ての審議が行われている），アジアでも韓国では908.5～914 MHz，中国では918～925 MHz，香港では919.5～920 MHz，台湾では922～928 MHz，シンガポールでは923～925 MHzで，実用化へ向けての実験や検討が行われている．日本では総務省が，2003年3月に終了したKDDIの第2世代携帯電話サービスの周波数帯の内の952 MHz～954 MHzをRFタグの専用周波数に割当てる方針を固めている．

ところが，ここで日本独自のこの周波数の割当てから，いくつかの問題点が出てきている．技術面での問題点は，全世界規模で同じ無線ディバイスを使えるようにするには，広帯域の高周波回路（850～960 MHzで動作させる）とアンテナの設計が必要になる．反面日本では，この周波数の近接周波数を携帯電話が使用しており，そこへの混信妨害の心配が存在する．アメリカでは，915 MHz帯の隣接周波数を携帯電話が使用していないので，ISMバンドでの無線ディバイスの使用は比較的におおらかな考え方でとらえられているが，日本ではそのおおらかさを期待することは難しく，携帯電話会社はRFタグの規格作成時にかなり厳しい隣接妨害対策を要望するものと思われる．

日本では，ユビキタスネットワークに使用できる900 MHz帯の無線ディバイスとして，最初に953 MHz帯RFタグを検討する．しかし，最初に953 MHz帯の周波数を使用するシステムとなるためには，ハードルの高い問題をクリアしなければならない．RFタグシステムでは，リーダ・ライタからRFタグへ十分に帯域制限をかけた電波を送出することが技術的にも可能で，隣接の周波数を利用する無線設備への妨害を抑えられる．しかし，広帯域設計されたRFタグから

リーダ・ライタへ情報を送り返すときには，RFタグに記憶された情報によって変調をかけることによるスペクトラム（電波の幅）の広がりが生ずる．これをRFタグ内のベースバンド回路の帯域制限フィルタで周波数の広がりを抑制できるとよいが，小さなICチップ上にこのような狭帯域のフィルタを構成することはかなり難しい．そのため，広がった電波が携帯電話の周波数帯に入り込む可能性がある．日本の電波法では，その入り込んだ電波が日本の電波法で規定される微弱電波の範囲，すなわち $35\,\mu V/m$ 以下の電界強度に抑える必要があるだろう．このことは，この規格を満足しようとすると日本では，リーダ・ライタの空中線電力（送信機の出力）として，アメリカのように数Wは出せないことを意味する．日本の報道記事で，「割当てを想定している周波数帯が結構広いので，隣接する携帯電話や放送用電波などに対する干渉問題は少なそうだ」というコメントを読んだことがあるが，RFタグでは前述のように，電波の広がりを抑えることは技術的にも非常に難しい．今後，RFタグのデータ伝送速度が高速化されることも考慮すると，なおさら携帯電話への干渉問題は楽観視できない．

## 9.2　RFタグは無線設備か？

　RFタグシステムにおいてリーダ・ライタは，誰もが明白に無線設備として認めるであろうが，リーダ・ライタからRFタグに向けて送信された電波（搬送波）をRFタグはその中のメモリに記憶された情報によって変調すると同時に，リーダ・ライタに向けて反射する．この反射型RFタグ自体は，内部に高周波発振器を有していないが，これは無線設備と呼ぶべきであろうか？
　規格制定に関与されている方々の話を聞くと，世界的に見解が異なるようである．以下に述べる内容は筆者らがとらえている内容であるので，厳密な国ごとの反射型RFタグの定義ではない．

### ●日本

　現時点では，搬送波の発振器を有さないRFタグ自体は，RFタグが反射する

電力がRFタグに入射される電力より大きくならない限り，無線設備という考え方はしていないようである．

● ヨーロッパ

反射型RFタグは，電波を反射するときに情報によって変調をかけることによるスペクトラムの広がりが生ずることから，無線設備としてとらえる考え方もある．

● アメリカ

日本と同じ考え方が多かったように思われる．RFタグへのとらえ方が非常におおらかなような感触を受けた．

日本では，RFタグの953 MHz帯のすぐ近接に携帯電話の周波数が存在することから，総務省は2004年度中に技術基準の審議，電波監理審議会への答申を行い，制度化を目指すとしている．もし，RFタグが現状の認識で無線設備でないとすれば，リーダ・ライタのみを論議すればよい話であり，リーダ・ライタでは，隣接する無線設備への混信対策は可能である．しかし，ヨーロッパのように変調によりスペクトラムが広がるRFタグも無線設備ととらえるとすれば，また新たな論議も増え，規格が決まるまでには時間がかかるように思われる．

## 9.3　無線ディバイスの通信の信頼性

現状では，無線ディバイスを通信の信頼性という点で区分けすれば，RFタグとその他の無線ディバイス（無線LAN，Bluetooth，ZigBee，特定小電力無線設備）の二つに分けられるであろう．

RFタグの主流になるであろう電池を搭載しない反射型パッシブRFタグは，必要最小限の回路構成で作られている．従って，他の通信の信頼性の高い無線ディバイスのように，キャリアセンス（混信を防ぐようにした機能）やACK（情報を正しく受け取ったという返信）／NACK（情報を正しく受け取れなかったという返信）信号を返すなどして情報通信の信頼性を高めるような回路までは入れていないものが多い．この情報通信の信頼性は，BER（Bit Error Rate：符号誤

り率）で表される．反射型パッシブ RF タグは，BER が数％である．これは，無線 LAN，Bluetooth，ZigBee，特定小電力無線設備のような，BER が $10^{-5}$ や $10^{-6}$ オーダーの他の無線デバイスとは比べものにならないほど情報を誤る確率は高い値である．

BER が数％の RF タグシステムでは，読めるはずの RF タグから情報が読めないとか，情報が誤って書き込まれる可能性がある．Gillette は 2003 年 3 月に，イギリスの大手小売店の Tesco と共同で RF タグの無線通信に関する実証実験を行ったが，RF タグから情報が読めないものもあるという報告をしている．また，別の実証実験では，操作者が情報を RF タグに書き込めたかどうかの不安感から何度も情報を書き込んでしまい，そのたびに履歴が増え，RF タグのメモリがオーバフローしたこともあったという．

## 9.4　期待される周波数割当てと製品化動向

### (1) RFタグ

今，最も注目されているユビキタスネットワークに用いる無線デバイスは RF タグである．その理由として，RF タグの価格が他の無線デバイスに比べて桁違いに安価で，天文学的な数量の RF タグが使用されるというビジネス的な期待が大きいからである．2.45 GHz 帯の RF タグの製品はあるが，他のシステムとの混信問題もあるので，RF タグの専用周波数として UHF 帯の検討も行われている．世界的な周波数のずれもあり，これからも問題や課題は出てくるであろう．

製品化については，RF タグは 1 枚 5 円程度という EPC Global の推奨価格が市場に先に浸透してしまった．しかし，この価格と RF タグメーカーの想定価格には大きな差が存在している．現状では，RF タグ用の IC チップは 1 個 5 円程度まで下がる可能性はあるが，その IC チップにアンテナや実装という付加的な費用も必要となる．会社によってその付加的な費用は異なるので一概にはいえないが，2003 年の時点での価格構成は，IC チップ価格：アンテナ実装費用＝3：7

程度といわれていた．2004年には，ICチップ価格：アンテナ実装費用＝1：1まで可能となるような実装技術の見通しがついたと発表するメーカーも出てきたが，これでやっとRFタグ1枚が10円程度になったにすぎない．より安価なRFタグを実現するために，5.5節で述べた有機半導体を用いた印刷技術による安価なRFタグに期待がかかっている．

また，UHF帯や2.45 GHz帯のRFタグのみの製造販売をビジネスの一環として取り入れようとしている企業からよく相談を受けるが，筆者らはRFタグのみの製造販売のビジネスはかなり難しいと考えている．2.45 GHz帯の反射型パッシブRFタグにおいては，通信距離1 mは波長に対して830%となり，この距離では電池を搭載しないで内部の回路が動作するための電力伝送は効率が悪く，非常に微力な電力供給となる．この劣悪な電源環境下で可能な限り安定で長距離の通信を行うために，RFタグは極限に近い低消費電力の回路設計が望まれ，RFタグとリーダ・ライタをペアで考えた安定でかつ効率の良い通信手順や方式の開発が必要になる．そのため，内部の仕様や技術内容は，筆者らの開発品も含め，各企業のトップシークレット事項になっている．従って，RFタグ単体とかリーダ・ライタ単体の製造を行うビジネスは成り立ちにくく，RFタグとリーダ・ライタをペアで製造販売を行う方がビジネスになりやすい．現時点では2.45 GHz帯のRFタグシステムではメーカーを超えた互換性はほとんどなく，標準化が進まない要因はここにあると思われる．

RFタグは世の中の注目を集めているシステムだけに，文献，テレビ報道，新聞記事が増えてきた．しかし，その内容は良いことが述べられていても悪いことにはふたをしてしまう傾向もあり，時として過大評価されたり，誤った内容がユーザに伝えられていることも見受けられる．中には，RFタグが万能な情報通信端末のように語られている．このような状況でRFタグが導入されるとユーザがRFタグの本当の実力を知って失望し，結果的にユビキタスネットワーク構想がバブルで終わってしまう可能性もある．ユーザがRFタグを用いる場合は，長波帯，13.56 MHz帯，UHF帯，2.45 GHz帯の周波数ごとのRFタグの実力を十分に理解して，アプリケーションに応じて採用する必要がある．

## (2) ZigBee

　ユビキタスネットワーク用の無線端末として，最近話題になってきたものにZigBeeがある．ZigBeeでは，通信にはACK（NACKは返さない．情報を相手に送ってから，ある一定時間にACKが返ってこないときをNACKと判断する）形式を採用している．電池を搭載するので大型になり，価格も高く（1端末が数百円程度）なるが，通信の信頼性は高い．

　世界的にZigBeeは，ISMバンドでの使用が認められる見込みである．世界共通の2.45 GHz帯と，UHF帯といわれるヨーロッパの868 MHz帯，アメリカの915 MHz帯である．日本は，現時点では2.45 GHz帯でZigBeeを使用できる可能性が高いと思われるが，UHF帯はRFタグと同様，携帯電話との干渉問題が懸念され，導入が危ぶまれるような気もする．しかし，ZigBeeのハードウェア供給会社は，そのほとんどが最初はUHF帯からの生産と市場投入を考えており，2.45 GHzはその後になりそうである．

## (3) UWB

　UWBもユビキタスネットワークの無線ディバイスとして有望であるが，3.1～10.6 GHzという超広帯域（ただし5.2 GHz帯の無線LANの周波数は使用しない）の電波を利用するがゆえの，技術的な問題点が多く存在する．特に広帯域であるためのアンテナの設計が難しい．また，標準規格の制定においてもDS-SS方式とOFDM方式のどちらかになるかが見えてこないので，その結果，両方式が商品化されそうな状況である．

## (4) 微弱電波無線機器と特定小電力無線設備

　微弱電波無線機器と特定小電力無線設備は，共に使用するにあたっての無線機免許が不要である．微弱電波の無線機器は，法律面では送信出力電力が微弱でありさえすればどのような無線設備も実現できるが，十分な通信距離がとれない．400 MHz帯の特定小電力無線設備では，送信出力を10 mWまで使用できる．通信距離も，ユビキタスネットワーク用の無線端末としては実用的な通信ができるので，ユーザにとっては使いやすいシステムである．しかし，これは日本独自の規格であり，全世界的な使い方はできない．また，周波数と出力によっては送

信時間の制限がある．日本の 400 MHz 帯特定小電力無線設備のような低速データ通信機器は，アメリカでは 915 MHz 帯で用いられている．

### (5) PHS

PHS は公衆回線に接続しやすいシステムであるが，通信費用が割高である．PHS は，アジアの一部の国々で採用され始めているが，全世界的な標準システムではない．

### (6) DSRC

DSRC を用いて近距離の無線通信を行えるが，現時点では世界的に共通な無線ディバイスではない．また，他の無線ディバイスに比べて，5 GHz 帯の電子部品の価格はまだ高い．

### (7) ミリ波の通信機器

ミリ波帯の通信機器は，情報の伝達と同時に通信相手との距離や方向，相対速度なども測定することができるが，電子部品の価格が高価であるばかりでなく，性能が安定した回路技術自体もまだ確立されたとはいえない．民生レベルの価格で安定な装置ができるまでにはまだ時間がかかりそうで，当面はセンシングの分野の無線ディバイスとして用いられるであろう．

## 9.5　セキュリティ強化とプライバシー保護

無線ディバイスは，それらが相互につながるネットワークも含め，情報が盗まれないようなセキュリティと，無線部分では暗号化の強化を研究していかねばならない．

IT 時代の幕開けと同時に，プライバシーの保護についての論議も活発に行われるようになってきた．プライバシーの保護は，情報通信の社会では基本的に自ら自分を守らなければならない．しかし，本人が気付かぬうちに数 m 離れた場所から情報を読み取ることができるシステムは，自分で情報を守ることができないことになってしまう．ISO の見解として，通信距離が 10 cm 以下で，人体に対して優しい 13.56 MHz の非接触 IC カードを人の識別用としている．この 10

cm という通信距離にプライバシー保護への配慮が感じ取れる．13.56 MHz 帯を用いた非接触 IC カードのように，リーダ・ライタに非接触 IC カードを近づけないと情報を発することができない．すなわち，自分の手でリーダ・ライタに非接触 IC カードを近づけるという行為が，その人の情報発信における意思表示というような責任の所在を明らかにしている．このように，情報を盗まれないように個人を保護することも必要であるが，無線ディバイスを供給する側にも，人というユーザが情報を自分の意思で発している判断基準を設けることにより，無線ディバイスを供給しやすい環境が得られる．

　ユビキタスネットワークで無線による人や物の識別を行うにあたり，その情報の在り方をめぐって消費者団体との議論がある．以下に RF タグについての実例を紹介するが，他の無線ディバイスでも同様な問題が起こりうる．

① 2003 年 4 月に，イタリアのアパレルメーカーの Benetton グループが，「Benetton の製品には，RF タグはつけていない」という異例の発表をした．これは，その発表前にオランダの RF タグベンダーである Royal Philips Electronics が，「Benetton がサプライチェーンにおける商品の追尾管理に Royal Philips Electronics 製の RF タグを採用した」と発表したところ，消費者団体が追跡装置のついた Benetton 商品の不買運動を起こしたからであった．リーダ・ライタが手軽に手に入るようになれば，知らないうちに情報が盗まれる可能性もある．Benetton 製品に限らず，通りがかりの知らない人に自分が着ている服の購入価格や購入場所などが知られることを嫌う人は，必然的に出てくるであろう．

② 2003 年 7 月に欧米のマスコミが，「アメリカの Wal-mart Strores が RF タグの実証実験を中止する」と報じた．この実証実験とは，アメリカのかみそり大手企業の Gillette と共同で，Wal-mart の店舗で，かみそりの替え刃のケースに RF タグをつけて，在庫管理や盗難防止の効果を検証することだった．実験中止の理由は明かされていないが，そこには消費者が商品を買った後も追跡される可能性や，それをプライバシーの侵害だと考えることが Wal-mart Strores が顧客離れにつながると心配したからだと言われている．

これらを踏まえると，プライバシーの保護についてのガイドラインを早急に作る必要がある．

### (1) 人体に対する電磁波の影響

無線通信が人類にもたらす利便性の反面で，人体に対する電磁波の影響も調査や研究が必要である．ユビキタスネットワークでは，広範囲な周波数にまたがるいろいろな無線デバイスを使用する．特にISMバンドの900 MHz帯や2.45 GHz帯は，人体中にある水分子を振動させ発熱を起こす．無線によることが原因ではないかと研究されている脳腫瘍や白内障などの人体への影響も懸念される問題点である．

人の識別用には，13.56 MHzの非接触ICカード，物の識別用にはUHF (900 MHz)帯や2.45 GHz帯のRFタグという周波数的な住み分けをISOが推奨しているが，他の無線システムでもこのような論議は重視すべきと思われる．

### (2) 環境汚染対策

かなりの数のユビキタスネットワーク用無線デバイスが世の中に出回り，それが廃棄されるときに環境汚染が起こらないような対策を事前に講じる必要がある．具体的には，環境にやさしい素材で無線デバイスを作ることであるとか，無線デバイスをリサイクルするようなことも考える必要があろう．また，微細RFIDのような小さな無線デバイスも使われるようになると，それが人体に入ってしまったときの影響も検討する必要がある．

### (3) 情報漏えい対策

廃棄される無線デバイスからの情報の流出も問題となるであろう．リサイクルを前提とした無線デバイスは，情報の消去がユーザでもできることや，万一情報が残ったままの無線デバイスがリサイクルで回収されたときには，その情報を消去するというモラルある無線デバイスリサイクル業者の対応が望まれる．無線や電子機器の知識に乏しい一般ユーザが安心して使えるような廃棄設備も必要であろう．たとえば，使い捨てが多くなりそうなRFタグは，情報消去機能を有したRFタグ回収ボックスなどの設置も，ユーザに安心してRFタグを使ってもらえるためのサービスの一環になるかと思う．

## 9.6 最後に

　ユビキタスネットワークにより，人間が何も意識しなくても管理が行き届くようになることは便利であるが，ユビキタスネットワークに人間が管理されないよう，人間が本来の人間性を失わないようにしなければならない．

　ユビキタスネットワーク用の無線ディバイス導入までには，まだ多くの議論すべきことが残されており，導入をあせると，その波及効果の大きさから後で取り返しのつかないことも起こりうる．したがって，いろいろな分野の専門家による慎重かつ十分な議論が必要である．

　情報を扱う無線ディバイスは，その便利さとは裏腹に問題点も存在する．それは技術的な面だけではなく，社会的な問題にまで発展する可能性もあり，情報の流出や取扱いに起因するものである．便利な無線ディバイスに情報を書き込むのは人間であり，これをうまく利用するか悪用するかも，最後は人間の倫理の問題である．無線ディバイスが廃棄され，そこから情報が流出しないような処置を導入前に十分に検討することも必要であるが，ユーザ自身も情報の流出を起こさないという認識を持たねばならない．

# 参考文献

電子情報通信学会編『アンテナ工学ハンドブック』オーム社，1980

G. R. Jessop 著，関根慶太郎 訳『VHF UHF Manual―日本語版』CQ 出版社，1985

三浦健史，平山勝規，篠原真毅，松本紘『マイクロ波無線電力伝送用レクテナの大電力化に関する研究』電子情報通信学会論文誌，A，Vol. J 83-A No. 4 pp. 1-11，2000 年 4 月

社団法人 日本自動認識システム協会 監修『RF タグの開発と応用（2）』シーエムシー出版，2004

RFID テクノロジ編集部 編『無線 IC タグのすべて―ゴマ粒チップでビジネスが変わる』日経 BP 社，2004

Klaus Finkenzeller 著，ソフト工学研究所 訳『RFID ハンドブック―非接触 IC カードの原理と応用』日刊工業新聞社，2001

苅部浩『トコトンやさしい非接触 IC カードの本』日刊工業新聞社，2003

長谷部望『電波工学』コロナ社，1995

根日屋英之，植竹古都美『ユビキタス無線工学と微細 RFID』東京電機大学出版局，2003

根日屋英之，塚本信夫『DSP の無線応用』オーム社，1996

井熊均『IC タグビジネス―実践手法と新分野への適用』東洋経済新報社，2004

石井宏一『図解「IC タグ」がよくわかる』オーエス出版社，2004

日本自動認識システム協会 編『これでわかった RFID』オーム社，2003

荒川弘熙 編，NTT データ ユビキタス研究会 著『IC タグってなんだ？ ―ユビキタス社会を実現する RFID 技術』カットシステム，2003

『わかる！コイルと磁気と回路の世界』トランジスタ技術 2004 年 8 月号，別冊付録，CQ 出版社

『みんなの ADSL で使う無線 LAN―配線スッキリ，どこでもネット』エクスナレッジ，2003

『ゼロからはじめる無線 LAN―この一冊で無線 LAN のすべてがわかる！』アスキー，2001

特集「見渡せば Felica」日経エレクトロニクス，2004-7-19，No. 878，日経 BP 社，2004

特集「発信源はごま粒チップ」日経エレクトロニクス，2002-2-25，No. 816，日経 BP 社，2002

「IC タグの真実」日経コンピュータ，2003-8-11，No. 580，日経 BP 社，2003

「RFID ビジネス・ガイドブック」，モバイル RF マガジン，Vol. 88，シーメディア，2003

連載「ユビキタス無線通信の基礎と RFID」月間バーコード，植竹古都美，根日屋英之，2003 年 11 月号～2004 年 2 月号，日本工業出版

羽石操 監修『最新平面アンテナ技術』総合技術センター，1993

Jean-Francois Zuercher, Fred E. Gardio, "Broadband Patch Antennas", Artech House Publishers, 1994

David M. Pozar, Daniel H. Schanbert, "Microstrip Antennas" IEEE Press, 1995

# 索引

## 【ア行】

アイソトロピックアンテナ 33, 94
アクセスポイント 16
アクティブ型 RF タグ 49
アドホックネットワーク 12
アナログ変調 51
アパレル 31
アプリケーションコマンド 182
アプリケーションレスポンス 182
アマチュア無線 35
アメリカ 37
誤り訂正 52
アロハ方式 73
暗号化 52
暗証番号 211
アンチコリジョン 70
アンチコリジョン機能 70
アンテナ 23
アンペール 63
アンペールの法則 64
位相 51
位相変調 52
板状広帯域アンテナ 145
移動体識別 23
イモビライザー 33, 204
医療用テレメータ 23
医療用熱源装置 34
印刷 31

インダクタ結合 45
インターネット 1, 26
インターネット接続
インテロゲータ 4
インパルスラジオ 147
インピーダンス整合 104
インピーダンス整合回路 105
右旋 128
映像多重伝送 27
映像伝送線路 115
エルステッド 63
遠隔型 IC カード 49
遠隔型 RF タグ 49
遠近問題 18, 213
円形ループアンテナ 102
円偏波 128
遠方界 69, 110
応答器 4
音声処理機能の強化 7

## 【カ行】

下位互換性 7
顔 211
拡散符号 10, 57
角周波数 51
可視光通信 28, 159
荷電粒子 62
ガードインターバル 19

索引

簡易無線局　187
環境汚染　222
韓国　214
干渉問題　31
技術基準適合証明　23
キャパシタ結合　46
キャリアセンス　23
給電点インピーダンス　96
共振　42
狭帯域通信機器　58
業務用端末　5
強誘電体効果　76
強誘電体メモリ　76
近赤外線　159
近赤外発光素子　39
近接型ICカード　46, 49
近傍界　69, 110
金融　31
空間分散特性　147
空中線　23
クーロン力　62
群遅延特性　147
経済産業省　184
携帯電話　1
光学式文字認識　211
高機能化　3
虹彩　211
高周波溶接装置　34
高速不揮発性RAM　76
高速無線LAN　17
広帯域アンテナ　140
広帯域特性　147
広帯域モノポールアンテナ　146
高調波　85
交通　31
構内無線局　38, 187
小型化　3

国際EAN協会　182
国際標準規格　2
固定キー　20
コリジョン　128
コンシューマ製品　5
混信防止機能　23
コントローラ　4

【サ行】

最大伝送速度　12
サーキュレータ　165
左旋　128
雑音電力　11
サバール　65
サービス　31
サービスディスカバリ　5
サブキャリア　55
サプライチェーン　198
時間ホッピング　8
磁気記録型　1
磁気ダイポールアンテナ　101
指向性幅　95
自己共振周波数　84
自己補対型アンテナ　144
自己誘導　41
磁性体　98
次世代バーコード　196
次世代標準暗号化方式　21
磁束密度　65
実効誘電率　85, 120
質問器　4
自動車　1, 31
自動車通信システム　28
自動認識用RFタグ　33
指紋　211
指紋認識　211
車載器　26

車車間通信　26
遮断周波数　90
シャノンの通信容量　11
周波数制御回路　163
周波数変調　52
周波数ホッピング　38, 59
住民基本台帳カード　47
受光素子　29
受信装置　23
出版　31
準静電界　108
掌形　211
乗算器　59
商社　31
情報家電　1
情報消去機能　222
情報端末　1
情報通信　31
情報通信技術分科会　3
情報の圧縮　52
情報漏えい対策　222
静脈　211
照明器具　28
シリアル転送　19
磁力線　63
シンガポール　214
シングルミキサ　60
信号処理　52
信号電力　11
振幅変調　52
シンボル伝送速度　19
垂直偏波　126
水平偏波　126
スキャナ　4
スタッカネット　5
ストライプカード　1
スパイラルリングアンテナ　138

スプリアス　23
スルーウォールセンサ　9
スレーブ　5
スロットマーカ方式　71
生体情報　211
静電結合方式　46
静電誘導　61
声紋　211
声紋認識　211
整流回路　44
整流素子　81
セキュリティ　220
接続確立の高速化　7
絶対利得　23, 93
接点型ICカード　2
セレクティブアクセス型　71
線状アンテナ　107, 155
センシング　220
占有帯域幅　12
相互接続性　20
送信時間制限装置　23
送信装置　23
相対速度　220
相対利得　93
双方向ブロードバンド通信　26
総務省　184
ソースタギング　192
ソフトウェア無線　80

## 【タ行】

第2世代携帯電話サービス　36
ダイオード　81
ダイオードスイッチ　152
タイプA　47
タイプB　47
タイプC　48
タイプD　78

# 索引

ダイポールアンテナ 4, 94
タイムスロット方式 72
台湾 214
ダウンロード 26
タグドライバ 182
多元接続 9
多重化 52
多重巻き微小ループアンテナ 104
単局単投 165
短波帯 33
ダンピング抵抗 104
蓄積一括復調方式 166
地上波 27
地中レーダ 9
中国 214
超高速無線LAN 26
長波帯 32
直接拡散CDMA方式 73
直接拡散方式 57
直線偏波 126
直列共振回路 86
直交周波数分割多重 10
追記型 75
ツェナーダイオード 67
ティアドロップアンテナ 146
ディジタルAV 11
ディジタルコードレス電話 14
ディジタル電子機器 28
ディジタル変調 51
ディジタル放送対応テレビ 1
低消費電力 8
ディスコーンアンテナ 145
ディバイスプロファイル 5
データ暗号方式 20
データ伝送 23
データ転送速度 12
データフォーマット 182

テレコントロール 23
テレフォンカード 47
テレメータ 23
テレメタリング 15
電圧給電 129
電圧定在波比 97
電界強度 25
電気力線 63
電源供給方式 39
電源再生回路 151
電磁結合 45
電磁結合方式 33
電子乗車券 3, 45
電磁誘導 40, 61
電磁誘導方式 33, 41
電池搭載型 39, 40
電波監査審議会 3
電波監理審議会 216
電波産業界 168
電波式万引防止システム 49
電波タグ 49
電波法 22
電波利用料 35
電力スペクトル密度 7
電力線 28
電力密度 38
等価等方輻射電力 23
同軸ケーブル 112
透磁率 98
導波器 132
特性インピーダンス 85, 96
特定小電力無線局 187
特定小電力無線設備 22
匿名モード 7
トランスポンダ・トーク・ファースト 70
トレーサビリティ 196

## 【ナ行】

日本アマチュア無線連盟　35
ネットワーク　1
ノッチ回路　85
ノッチフィルタ　85
ノート型パソコン　1

## 【ハ行】

場　62
バーアンテナ　98
バイオメトリクス認証　211
バイパス抵抗　42
ハイビジョン画質　12
ハイブリッド回路　166
背面給電方式　123
波形ひずみ　147
パケット　12
バーコードシステム　31
発光素子　29
パッチアンテナ　114
バッテリレス化　3
波動方程式　51
パラスティックエレメント　135
バラン　112
パルス位置符号化方式　78
パルス間隔符号化方式　77
反共振　142
反射型セミパッシブ RF タグ　40, 49
反射型パッシブ RF タグ　49, 150
反射器　132
反射係数　97
バンドパスフィルタ　84
半波整流回路　82
半波長ダイポールアンテナ　109
ビオ　65
ビオ・サバールの法則　65
光通信　30, 159

ピコネット　5
微細 RFID　49
微弱電波無線設備　24
微弱無線設備　8
微小ダイポールアンテナ　107
微小ループアンテナ　100
非接触 IC カード　1
非接触 ID 識別　33
非接触型 IC カード　2
非接触近接型カード　3
比帯域幅 BW　8
ビットコリジョン方式　71
非同調ループアンテナ　43
響プロジェクト　184
比誘電率　85, 120
ファラデー　63
フェージング　19
フェライト板　106
フェライトバーアンテナ　98
フェライトポット　105
負荷インピーダンス　149
輻射器　132
復調　51
副搬送波　33
副搬送波を用いた変調　54
符号分割多重化方式　9
物理層ヘッダ　17
プライバシー　220
プリペイド電子マネー　48
フレミングの右手の法則　63
プロトコル　79
プロトコル制御回路　163
フロントエンド回路　148
分布定数回路　85
平行 2 線給電線　112
ペイジャー　34
ベースステーション　162

変形スパイラルリングアンテナ 139
変形ミラー符号化方式 77
偏光フィルタ 30
変調 51
偏波面分割多重化方式 74
妨害電波 18
方形パッチアンテナ 120
放射効率 130
放射抵抗 102
放射電磁界 101, 108
放射電力 102
放射ループ 104
棒状フェライト 98
包絡線検波回路 152
ポジショニングサービス 30
補聴援助用ラジオマイク 23
ホームネットワーク 159
ホーンアンテナ 137
香港 214

ミラー効果 115
ミラー符号化方式 77
ミリ波 23, 26
無給電素子 135
無線LAN 8, 16
無線局免許状 22
無線局落成検査 22
無線従事者 22, 35
無線デバイス 1
無線電話 23
無線ホームリンク 26
無線呼び出し 23
メアンダ構造 155
メモリ 151
メモリ制御回路 151
免許申請 22
モノパルス 147
モーメント法 142

## 【マ行】

マイクロストリップアンテナ 114
マイクロストリップ線路 85
マイクロ波型ICカード 49
マイクロプロセッサ 163
マスター 5
マゼラン方式 73
マルチアクセス型 71
マルチ周波数 80
マルチパス 19
マルチバンドOFDM方式 10
マルチプロトコル 80
マルチポイント実装の性能強化 7
マルチリード機能 70
マンチェスター符号化方式 77
右ねじの法則 64
密接型ICカード 45

## 【ヤ行】

八木・宇田アンテナ 131
有機半導体 160
有効面積 95
誘電正接 120
誘導結合方式 45
誘導性リアクタンス 135
誘導電圧 42, 149
誘導電磁界 108
ユビキタスIDセンター 183
ユビキタス通信端末 28
ユビキタスネットワーク 22
容量性リアクタンス 135
ヨーロッパ 37

## 【ラ行・ワ行】

ラジオコントロール 34
ラジオマイク 23

リクエストコマンド　71
リーダ・トーク・ファースト　70
リーダ・ライタ　4
リターンロス　97
リードオンリー型　75
流通　31
両波整流回路　82
リライト型　75
隣接チャネル漏えい電力　23
隣接妨害対策　214
ループアンテナ　33, 66, 100
レクテナ　44, 81, 152
レーザ光通信　30
ログペリオディックダイポールアンテナ　144
ロジカルメモリ　182
路側器　26
ローパスフィルタ　81
ローミング　18
ワイヤレスカードシステム　34
ワンタイム型　75

【英数字】

ACK　216
ADPCM　14
AES方式　21
AFH　7
AHS　26
AIAG　183
AM　52
AM放送　8
ANSI　185
ARIB　22
ARIB STD-T 60　187
ARIB STD-T 75　26
ARIB STD-T 81　168
ARIB STD-T 82　187

ARQ/FEC方式　5
ARRL　36
ASK　26, 52
Auto-ID Center　182
Auto-ID Labs　183

BagTagトンネル型　73
BER　216
Bluetooth　5
Bluetooth SIG　5
Bluetooth Version 1.0　5
BPF　84
BPSK　18, 53
BS　27

CATV　27
CBラジオ　34
CCK　18
CDMA　8, 57
cdmaOne　8
CODEC　14
CRL　10
CS　27
CSMA/CD　12
CSMA方式　73
CSM方式　10

DARPA　8
dBd　94
dBi　94
DBPSK　18
DOC　21
DPSK　53
DQPSK　18
DS　57
DSRC　26
DS-SS方式　9

# 索引

Edy 48, 200
EEPROM 75
EPC Global 182
EPC システム 182
ETC 26
Ethernet-LAN 16
ETSI 300330 32

FB比 96
FCC 7
FDMA 56
Felica 199
FFD 14
FH 59
FIFO型 71
FLASHメモリ 75
FM 52
FOMA 8
FRAM 76
FSK 52
FSK比 96
FUSEメモリ 76

GCI 183
GFSK 5
GMSK 53
GTAG 183

HomeRF 14, 185
HomeRF Lite 14

I-ch 167
i-CODE 191, 207
ICカード 2
ICカード型無線移動識別 32
ICチップ 4
ID-1サイズ 1

IDカード 1
ID符号化/復号化 163
IEC 1
IEEE 7
IEEE 1394 28
IEEE 802.11 17
IEEE 802.11 a 17
IEEE 802.11 a 物理層ヘッダ 19
IEEE 802.11 b 17
IEEE 802.11 b 物理層ヘッダ 19
IEEE 802.11 c 17
IEEE 802.11 d 17
IEEE 802.11 e 17
IEEE 802.11 f 17
IEEE 802.11 g 17
IEEE 802.11 h 17
IEEE 802.11 i 17
IEEE 802.11 j 17
IEEE 802.11 k 17
IEEE 802.11 m 17
IEEE 802.11 n 17
IEEE 802.15.1 7, 186
IEEE 802.15.3 a 9
IEEE 802.15.3 WiMedia 186
IEEE 802.15.4 13, 186
IEEE 802.15.4 b 14
IEEE 802.15. TG 3 a 10
IEEE 802.15 ワーキンググループ 186
IEEE 802.1 x 21
IP電話 26
I/Q受信方式 60
IR方式 9
ISBN 192
ISDN 14
ISM 32
ISO 1
ISO 10374 177

ISO 11784　177
ISO 11785　33, 177
ISO 14223　177
ISO 18000-6　36
ISO/IEC 10373　178
ISO/IEC 10530　178
ISO/IEC 10536　33, 45
ISO/IEC 14443　47, 178
ISO/IEC 15693　49, 79, 178
ISO/IEC 15961　181
ISO/IEC 15962　182
ISO/IEC 15963　182
ISO/IEC 18000-6　79
ISO/IEC 18000 Part 1　180
ISO/IEC 18000 Part 2　180
ISO/IEC 18000 Part 3　181
ISO/IEC 18000 Part 4　181
ISO/IEC 18000 Part 5　181
ISO/IEC 18000 Part 6　181
ISO/IEC 18000 Part 7　181
ISO/IEC 7810　31
ITS　26
ITU-T G.726　14

JTC　3
JTC 1-SC 17-WG 8　3, 31
JTC 1-SC 31-WG 4　3, 32

LD　29
LED　28
LPF　81

MAC　11
MBOA　10
MIT　182
MMチップ　81
MSK　53

my-d vicinity　204

NACK　216
NRZ符号化方式　76

OFDM-CCK方式　19
OFDM方式　10
OSI　11

PANC　14
PDMA　56
PDMA方式　74
PHS　14
PHS基地局　14
PHS端末　15
PHY　11
PIAFS　14
PLC　28
PM　52
PN系列符号発生器　58
PN符号　57
PSK　52

Q　42
QAM　18
Q-ch　167
QoS　17
QPSK　14
QPSK　18
Qマッチインピーダンス整合回路　85, 87
Qマッチセクション　123

RAM　76
RCR STD-1　187
RCR STD-29　187
RFD　14
RF-DC変換効率　91

RFタグ 3
RFタグシステム 4
RFタグ専用周波数 36
ROM 75
Rule Part 15 9
RZ符号化方式 77

SC 3
SCM 204
SDMA 55
SDR 11
SPST 165
SSA 11
STD-T 60 34
STD-T 67 22
Suica 3

Taggent 39
Tag-it 207
$\tan \delta$ 120
TAO 11
Task Group N 17
TDD 14
TDMA 14, 56
TELEC 23
T-Engineフォーラム 183
TIRIS 207
TKIP 20

UCC 182
UHF 3
UHF帯RFタグ 49

UWB 7
UWBシステム 8
UWBレーダ 147
Uバラン 136

VLCC 28
VSWR 97

WEP 17
WG 3
Wi-Fi 20
Wi-Fi Alliance 20
Wi-Fi CERTIFIED 20
WiMedia 186
WPA 20
WPAN 7, 184

ZigBee 12
ZigBee Alliance 13

$\pi/4$シフト 14
1/4波長オープンスタブ 85

## ＜著者紹介＞

## 根日屋英之（ねびやひでゆき）

　1980年東京理科大学工学部電気工学科卒業，1998年日本大学大学院（理工学研究科電子工学専攻）博士前期課程修了，2001年同博士後期課程修了．自動車会社，電機メーカー，大学付属研究所などを経て，1987年株式会社アンプレット設立，代表取締役社長に就任，現在に至る．1993年より大韓民国通産部SMIPC無線通信専門家として，韓国のCDMA携帯電話の導入に参加．工学博士．

【賞】　2003年度日本起業家大賞（EOY Japan）セミファイナリスト
　　　　2003年度最優秀ユビキタスネットワーク技術開発賞（EC研究会）

【著書】『ユビキタス無線工学と微細RFID』東京電機大学出版局（共著）
　　　　『DSPの無線応用』オーム社（共著）
　　　　『RFタグの開発と応用II』シーエムシー出版（共著）など

## 小川　真紀（おがわ　まき）

　1992年北海道阿寒高等学校卒業，現在，放送大学教養学部在籍．ソフトウェア開発会社，マイクロ波・ミリ波関連コンポーネント製造メーカー，商社，電子機器メーカーを経て，株式会社アンプレット取締役（開発担当）に就任，現在に至る．UHF帯／マイクロ波帯RFタグ，94GHzミリ波レーダ（モノパルス方式，FMCW方式），平面アンテナ，小形アンテナの開発を担当．

【関連ホームページ】　本書に紹介されたRFIDに関連するホームページ
- 凸版印刷株式会社のRFIDに関するホームページ
　　http://www.toppan.co.jp/aboutus/release/article 649.html
- 株式会社アンプレットのホームページ
　　http://www.amplet.co.jp/
- 株式会社テレミディックのホームページ
　　http://www.telemidic.com/
- RFID Journalのホームページ
　　http://216.121.131.129/article/articleprint/279/-1/1/

**ユビキタス無線ディバイス**
── IC カード・RF タグ・UWB・ZigBee・可視光通信・技術動向 ──

| 2005年1月30日　第1版1刷発行 | 著　者 | 根日屋　英之 |
| --- | --- | --- |
| | | 小川　真紀 |

発行所　学校法人　東京電機大学
　　　　東京電機大学出版局
　　　　代表者　加藤康太郎

〒 101-8457
東京都千代田区神田錦町2-2
振替口座　00160-5- 71715
電話　(03)5280-3433(営業)
　　　(03)5280-3422(編集)

印刷　三美印刷㈱
製本　渡辺印刷㈱
装丁　高橋壮一

© Nebiya Hideyuki,
　Ogawa Maki　2005
Printed in Japan

＊無断で転載することを禁じます。
＊落丁・乱丁本はお取替えいたします。

ISBN4-501-32450-3　C3055

# 電気通信受験参考図書

## 合格精選 320 題　試験問題集
### 第二種電気工事士筆記試験
粉川昌巳　著
B6 判　194 頁
工業高校で試験指導にあたる著者が，既出問題から 320 題を厳選して収録して，効率よくすべての出題範囲を網羅した一冊。携帯して学習できるように構成されている。

### 第二種電気工事士　筆記試験 集中ゼミ
粉川昌巳　著
A5 判　192 頁
試験に出題される項目をテーマごとに分類し，解答に必要なポイントだけに絞って解説した一冊。テーマごとに練習問題を収録して，ポイント学習と問題練習の反復という試験対策を提案している．

## 合格精選 400 題　試験問題集
### デジタル 1 種　工事担任者
吉川忠久　著
B6 判　290 頁
デジタル 1 種工事担任者試験の受験対策問題集。いつでもどこでも学習できるように，コンパクトなサイズでまとめた。表ページに練習問題，裏ページにその解答と解説を収録している。

### アマチュア無線技士国家試験
### 第 1 級ハム教室
### これ 1 冊で必ず合格
吉川忠久　著
A5 判　376 頁
アマチュア無線の最高峰である第一級アマチュア無線技士（一アマ）の国家試験受験者に向けて編集。この 1 冊で必ず合格できる。

### アマチュア無線技士国家試験
### 第 3 級ハム教室
### これ 1 冊で必ず合格
吉川忠久　著
A5 判　416 頁
第三級アマチュア無線技士（三アマ）の国家試験受験者のために，この 1 冊で必ず合格できる。

## 合格精選 400 題　試験問題集
### 第一種電気工事士　筆記試験
粉川昌巳　著
B6 判　256 頁
電気工事士筆記試験の既出問題を徹底的に分析し，頻出問題および出題が予想される問題を厳選して収録した。

### 試験直前暗記ノート
### 第二種電気工事士　筆記試験
浅川毅　監修
A5 判　150 頁
文章や公式の穴埋め問題を活用することで，試験に出題される内容を暗記することを目的とした一冊．

## 合格精選 400 題　試験問題集
### デジタル 3 種　工事担任者
吉川忠久　著
B6 判　272 頁
ページの表に練習問題，裏ページに解答解説を収録して，効率よく学習できるように構成したコンパクトタイプの問題集。平成 10 年より実施されているデジタル 3 種の頻出問題を厳選して収録した。

### アマチュア無線技士国家試験
### 第 2 級ハム教室
### これ 1 冊で必ず合格
吉川忠久　著
A5 判　416 頁
第二級アマチュア無線技士の国家試験受験者のために，この 1 冊で必ず合格できるようにまとめた。

### アマチュア無線技士国家試験
### 第 4 級ハム教室
### これ 1 冊で必ず合格
吉川忠久　著
A5 判　416 頁
アマチュア無線の入門用の資格である第四級アマチュア無線技士（四アマ）の国家試験受験者のために，この 1 冊で必ず合格できることをめざしてまとめた。

＊定価，図書目録のお問い合わせ・ご要望は出版局までお願い致します．

# 無線技術士・通信士試験受験参考書

## 1,2 陸技受験教室 1
### 無線工学の基礎
安達宏司 著
A5判 252頁

これまでに学んだ知識を確認する基礎学習と基本問題練習で構成した，無線従事者試験受験教室シリーズの第1巻。無線工学の基礎となる電気物理・電気回路・電気磁気測定をわかりやすく解説。

## 1,2 陸技受験教室 2
### 無線工学 A
横山重明/吉川忠久 共著
A5判 280頁

無線設備と測定機器の理論，構造及び性能，測定機器の保守及び運用の解説と基本問題の解答解説を収録。これまでの試験を分析した結果に基づき，出題範囲・レベル・傾向にあわせた内容となっている。

## 1,2 陸技受験教室 3
### 無線工学 B
吉川忠久 著
A5判 240頁

空中線系等とその測定機器の理論，構造及び機能，保守及び運用の解説と基本問題の解答解説。参考書としての総まとめ，問題集としての既出問題の研究とを兼ねているので，効率的に学習することができる。

## 1,2 陸技受験教室 4
### 電波法規
吉川忠久 著
A5判 148頁

電波法および関係法規，国際電気通信条約について，出題頻度の高いポイントの詳細な解説と，豊富な練習問題を収録した。既出問題の出題分析に基づいて構成した，合格への必携の書。

## 1 陸技・2 陸技・1 総通・2 総通の徹底研究
### 無線工学の基礎

松原孝之 著
A5判 418頁

無線従事者試験を受験される人のために，出題範囲・程度・傾向などを十分に検討して執筆。これをマスターすれば，合格に必要な実力が養える。

## 1・2 陸技・1 総通の徹底研究
### 無線工学 A

横山重明 著
A5判 228頁

過去10年間に行われた1・2陸技1総通「無線工学A」の試験問題を徹底的に分析し，これに詳しい「解答」，「参考」等がつけてある。

## 合格精選 300題 試験問題集
### 第一級陸上無線技術士
吉川忠久 著
B6判 312頁

これまでに実施された一陸技試験の既出問題を分野ごとに分類し，頻出問題と重要問題にしぼって300題を抽出した。小さなサイズに重要なエッセンスを詰め込んだ，携帯性に優れた学習ツール。

## 合格精選 300題 試験問題集
### 第二級陸上無線技術士
吉川忠久 著
B6判 312頁

頻出問題・重要問題の問題と解説をページの裏表に収録して，効率よく学習できるように配慮。重要ポイントを繰り返し学習することで合格できるよう構成した。

## 合格精選 300題 試験問題集
### 第一級陸上無線技術士 第2集
吉川忠久 著
B6判 336頁

新しい出題傾向に対応した既出問題を中心に，豊富な練習問題量を提供することを意図した試験対策問題集。既刊の一陸技問題集とあわせて問題練習を行えば，より合格を確実にすることができる。

## 第一級陸上特殊無線技士試験 集中ゼミ
吉川忠久 著
A5判 304頁

陸上特殊無線技士試験は，陸上移動通信，衛星通信などの無線設備の操作または操作の監督を行う無線従事者として，それらの無線設備の点検・保守を行う点検員として従事するときに必要な資格である

## データ通信図書／ネットワーク技術解説書

### ディジタル移動通信方式 第2版
**基本技術から IMT-2000 まで**

山内雪路 著
A5判 160頁

工科系の大学生や移動体通信関連産業に従事する初級技術者を対象として，ディジタル方式による現代の移動体通信システムを概説し，そのためのディジタル変復調技術を解説する。

### スペクトラム拡散技術のすべて
**CDMA から IMT-2000, Bluetooth まで**

松尾憲一 著
A5判 324頁

数学的な議論を最低限に押さえることにより，無線通信事業に関わる技術者を対象として，できる限り現場感覚で最新通信技術を解説した一冊。

### モバイルコンピュータの データ通信

山内雪路 著
A5判 288頁

モバイルコンピューティング環境を支える要素技術であるデータ通信プロトコルを中心に，データ通信技術全般を平易に解説した。

### ネットワーカーのための IPv6とWWW

都丸敬介 著
A5判 196頁

インターネットの爆発的普及に伴って開発された新世代プロトコル：IPv6 の機能を中心に，アプリケーション機能の実現にかかわるプロトコル全般について解説。

### ギガビット時代の LANテキスト

日本ユニシス情報技術研究会 編
B5変型 240頁

LAN の原理を技術的な観点からわかりやすく解説した。最新の LAN 技術を含んだ LAN 全体の理解ができるように構成している。

### スペクトラム拡散通信 第2版
**高性能ディジタル通信方式に向けて**

山内雪路 著
A5判 180頁

次世代無線通信システムの基幹技術となるスペクトラム拡散通信方式について，最新の CDMA 応用技術を含めてその特徴や原理を解説する。

### MATLAB/Simulinkによる CDMA

サイバネットシステム㈱・真田幸俊 共著
A5判 186頁

次世代移動通信方式として注目されている CDMA の複雑なシステムを，アルゴリズム開発言語「MATLAB」とブロック線図シミュレータ「Simulink」を用いて解説。

### GPS技術入門

坂井丈泰 共著
A5判 224頁

カーナビゲーションシステムや建設，農林水産，レジャーなど社会システムのインフラとして広く活用されている GPS 技術の原理や技術的背景を解説した一冊。

### ネットワーカーのための イントラネット入門

日本ユニシス情報技術研究会 編
B5変型 194頁

イントラネットの技術を構成する二つの技術的観点，インターネットの技術とアプリケーションレベルの技術から解説。イントラネットの構築に必要な知識をわかりやすくまとめた。

### ユビキタス無線工学と微細RFID
**無線ICタグの技術**

根日屋英之・植竹古都美 著
A5判 192頁

広く産業分野での応用が期待されている無線 IC タグシステム，これを構成する微細 RFID について，その理論や設計手法を解説した一冊。